# 跟技能大师学钳工

◎ 朱仕海　编著

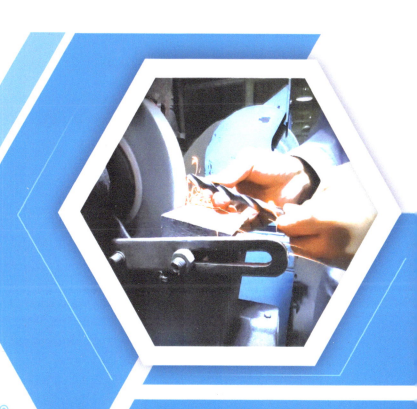

机械工业出版社
CHINA MACHINE PRESS

本书由长期在生产一线工作、经验丰富的技能大师编写，内容与生产实际紧密结合，力求重点突出、少而精，图文并茂，相关内容深入浅出，注重细节，通俗易懂。本书在编写中参照了《国家职业技能标准　钳工》理论知识和技能要求，主要包括：划线，锯削与錾削，锉削与锉配，孔加工，攻螺纹与套螺纹，刮削、研磨、矫正与弯形，装配等钳工基本知识、操作的技能与技巧。

　　本书配有大量实操图片和视频，同时融入了钳工技能大赛的技巧和方法，既能学习钳工相关基础理论知识，又能够尽快掌握钳工操作的关键要领和操作技能。读者可通过看图和扫"二维码"观看相关视频轻松学习。

　　本书可作为企业培训部门及职业院校的钳工培训教材，也可作为钳工入门及提升的自学用书以及各级技能竞赛的参考教材。

**图书在版编目（CIP）数据**

跟技能大师学钳工 / 朱仕海编著. -- 北京：机械工业出版社，2024.12. --（技能大师"亮技"丛书）.
ISBN 978-7-111-76904-0

Ⅰ. TG9

中国国家版本馆 CIP 数据核字第 2024R78F83 号

机械工业出版社（北京市百万庄大街 22 号　邮政编码 100037）
策划编辑：王晓洁　　　　　　责任编辑：王晓洁　王　良
责任校对：丁梦卓　宋　安　　封面设计：张　静
责任印制：常天培
河北虎彩印刷有限公司印刷
2025 年 6 月第 1 版第 1 次印刷
190mm×210mm · 7.833 印张 · 203 千字
标准书号：ISBN 978-7-111-76904-0
定价：69.80 元

电话服务　　　　　　　　网络服务
客服电话：010-88361066　机　工　官　网：www.cmpbook.com
　　　　　010-88379833　机　工　官　博：weibo.com/cmp1952
　　　　　010-68326294　金　书　网：www.golden-book.com
**封底无防伪标均为盗版**　机工教育服务网：www.cmpedu.com

# 技能大师"亮技"丛书
# 编审委员会

# 序　FOREWORD

▸▸▸▸▸▸▸▸▸▸▸

　　技能人才是支撑中国制造、中国创造的重要力量。当前，我国技能人才总量已超 2 亿，占就业人员总量 27% 以上，高技能人才超过 6000 万，占技能人才的比例约为 30%。新一轮科技革命和产业变革深入发展，仍需培养更多高技能人才，以满足产业转型升级的需求。2022 年，中共中央办公厅、国务院办公厅印发的《关于加强新时代高技能人才队伍建设的意见》提出，到"十四五"时期末，技能人才规模不断壮大、素质稳步提升、结构持续优化、收入稳定增加，技能人才占就业人员的比例达到 30% 以上，高技能人才占技能人才的比例达到 1/3，东部省份高技能人才占技能人才的比例达到 35%。目前，我国已经建成 110 个国家级高技能人才培训基地和 140 个国家级技能大师工作室，各个省市也相继建设了一大批省市级技能大师工作室。

　　"技艺超群"是技能大师等高技能人才最显著的职业形象特征。很多技能大师是技能含量较高、高技能人才密集的行业和大型企业集团工作的全国技术能手、劳动模范，为了配合国家高技能人才培养战略，将技能大师的高招绝活、经验技巧、创新成果固化下来，并向全社会进行介绍和推广，机械工业出版社启动了这套"技能大师'亮技'丛书"的编撰工作。

　　本套丛书的作者来自车辆制造、航天航空、船舶制造等行业，专业覆盖钳工、机械加工、智能制造等，均是有多年工作一线经验的各级技能大师和技术能手，并在技艺研发和传承方面做出过突出贡献。他们在岗位上刻苦钻研、不懈探索，创造了许多新技术新方法，因其高超的技艺，不仅优质高效地完成了多项工作，而且解决了大量技术难题。通过工艺革新、技术改良、流程改革及发明创造，节约了生产成本、提高加工效率以及提升了产品附加值，为企业发展做出了巨大贡献，在全国同行业形成了重要影响。本套丛书将这些技能大师多年在技术改造、技术攻关等工作实践中练就的绝活、绝技、绝招总结归纳、汇编成书，最大的特点就是来源于实践，服务于实践。

本套丛书所列操作案例全部来自生产一线，是他们劳动创造和心血智慧的结晶，这些大师的经验和技术资料，不仅是个人的宝贵财富，也是国家的宝贵财富。丛书实用性、操作性很强，具有扎实的实践基础和较高的推广价值，是岗位学习的好教材。更多的年轻技术人才要想更快地成长起来，如果能通过读书学习到这些一线优秀高技能人才的绝招、绝技也是一条捷径。希望通过本套丛书的学习，能够培养出更多的高技能人才，为我国的发展强盛做出更大的贡献。

丛书的出版有利于弘扬劳模精神，发挥劳模"一带多"的示范辐射带动作用；有利于发挥工会大学校的作用，培养更多具有一流业务技能、一流职业素养、一流岗位业绩的创新型职工；有利于推动企业储备人才、积蓄能量，增强竞争实力，实现可持续发展；有利于更广泛的读者交流体会、分享经验，为汽车行业发展贡献力量。

衷心祝贺丛书的出版！真诚希望这套丛书能成为广大一线职工学习进步的良师益友，同时也希望更多技能大师能以传承技能、培养人才、服务企业、回馈社会为己任，为中国制造的转型升级做出更大贡献！

中华全国总工会副主席

# 前言　　**PREFACE**

>>>>>>>>>>>

党的二十大报告提出，努力培养造就更多大师、战略科学家、一流科技领军人才和创新团队、青年科技人才、卓越工程师、大国工匠、高技能人才。期待更多青年走上技能成才、技能报国之路，增强矢志创新的勇气、敢为人先的锐气、蓬勃向上的朝气，立足岗位积极奉献，在建设制造强国的新征程中建功立业、成就梦想。技能是强国之基、立业之本。我国是制造业大国，在国民经济建设中需要大量的技能型人才，同时国家也在不断加强技能型人才的建设和培养。

编者曾多次参加国家级、省级技能竞赛并担任省级技能竞赛裁判长及技术指导工作，在钳工方面有丰富的经验。正值机械工业出版社开展"技能大师'亮技'丛书"活动，编者总结多年在钳工工作实践及技能竞赛方面的经验，精心编写了《跟技能大师学钳工》一书，希望对广大读者能有所帮助。

本书共分7章，包括划线，锯削与錾削，锉削与锉配，孔加工，攻螺纹与套螺纹，刮削、研磨、矫正与弯形，装配。本书采用了大量的图片和视频，同时融入了钳工技能的操作要点、实际工作案例的操作方法及编者多年大赛的经验、技巧及创新的操作要领，读者可通过看图和扫"二维码"观看相关视频轻松学习，具有极强的实用性。能在较短的时间内轻松掌握钳工操作技术。

本书在编写过程中，得到了东风设备制造有限公司王全刚同志的大力支持并协助拍摄了大量的图片，在此表示感谢。

由于编者水平有限，书中不足之处在所难免，衷心希望广大读者批评指正。

编　者

# 目录 CONTENTS

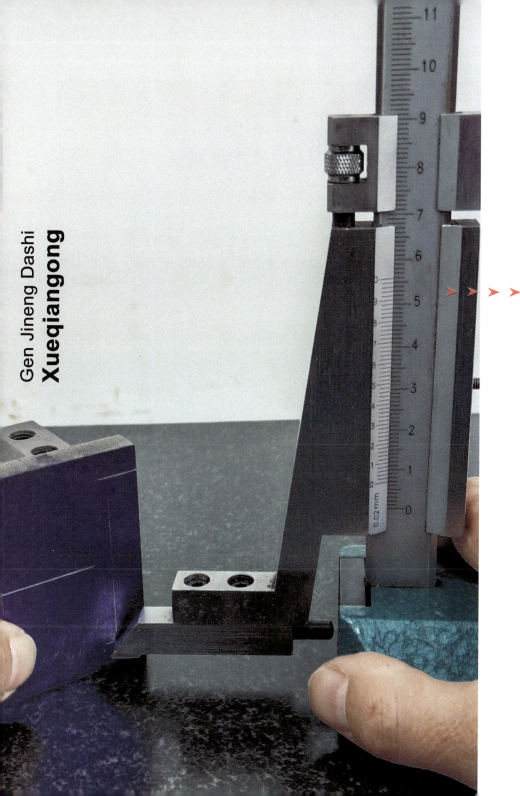

第**1**章

划线

# 1.1 常用的划线工具

根据图样或实物的尺寸，准确地在工件（或毛坯）表面利用划线工具划出加工界线的操作叫划线。划线是钳工的基本操作技能之一。

## 1.1.1 认识常用划线工具

常用的划线工具有划线平板，方箱，划针（笔划针、直头划针），金属直尺，划规（普通划规、圆划规、弹簧划规、长划规），样冲，游标高度卡尺，V形块，千斤顶，划线盘等，如图 1-1 所示。

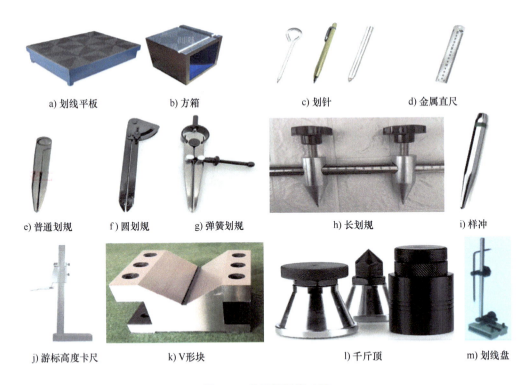

a) 划线平板　　　b) 方箱　　　　c) 划针　　　　d) 金属直尺

e) 普通划规　　f) 圆划规　　g) 弹簧划规　　h) 长划规　　i) 样冲

j) 游标高度卡尺　　k) V形块　　　　l) 千斤顶　　m) 划线盘

图 1-1　常用的划线工具

### 1.1.2 常用工具的使用技巧

#### 1. 金属直尺的使用技巧

使用金属直尺在平面上划线时，要左手按着金属直尺，右手握持划针，使针尖与金属直尺底边接触，应使用均匀的压力使针尖沿金属直尺移动划线，线条应一次完成，不要反复划，否则线条变粗、不重合或模糊不清，会影响划线质量，如图1-2a所示

#### 2. V形块、游标高度卡尺、正弦规的使用技巧

（1）利用V形块和游标高度卡尺划线，划线时，用手捏紧工件，并靠紧V形块，然后用游标高度卡尺划线，如图1-2b所示。

（2）借助正弦规，划精密角度线，如图1-2c所示。

#### 3. 划线盘的使用技巧

划线盘是用来进行立体划线和确定工件位置的工具，分为普通式和可调式两种，由底座、支杆、划针和夹紧螺母等组成。划线盘的直头端常用来划线，弯头端常用来找正工件的位置，如图1-3a所示。

划线时，用右手的大拇指与其他四指相对，捏住底座两侧，并应使划针尽量处于水平位置，不要倾斜太大角度；划针伸出的部分应尽量短些，这样划针的刚度较好，不易抖动；划针要夹紧，避免尺寸在划线过程中变动。在移动底座时，一方面要将针尖靠紧工件，并使划针与工件的划线面之间沿划线方向倾斜一定角度；另一方面应使底座与平台台面紧紧接触，无摇晃或跳动现象。因此，要求底座与平台的接触面应平整、干净。

#### 4. 游标高度卡尺的使用技巧

使用游标高度卡尺进行划线操作时，首

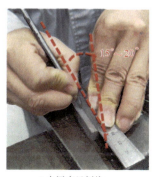

a) 金属直尺划线

b) 游标高度卡尺划线

c) 借助正弦规划线

图1-2 划线

先应进行尺寸调整。调整时，左手捏住卡尺座底部，尺身呈水平状态并与视线相垂直。调整方法是：首先旋松游标尺和微调装置上的锁紧螺钉，右手移动游标尺粗调尺寸，然后拧紧微调装置上的锁紧螺钉，通过微调手轮移动游标尺精调尺寸，最后拧紧游标尺上的锁紧螺钉。

划线操作时，用右手的大拇指与其他四指相对，捏住底座两侧，使刀尖与工件表面的夹角呈45°左右，并自前向后拖动尺座进行划线，同时还要适当用力压住尺座，防止出现尺座摇晃和跳动。

划线时，还应检查刀尖和游标卡尺的

零位是否准确。检查方法是：首先移动游标尺下降，使刀体的下刀面与平台工作面接触，然后观察游标卡尺的零位与尺身的对齐状况，如图1-3c所示，如果误差较大，则要通过尺座的尺身调整装置对尺身进行相应调整。

### 5. 划线量爪刃磨方法和技巧

当使用游标高度卡尺进行精密划线或参加各类技能竞赛时，一定要仔细检查游标高度卡尺划线量爪的刀尖是否锋利，如果钝化后再划线，会影响划线精度。钳工应具备修磨游标高度卡尺划线量爪刀尖钝化后的技能。划线量爪修磨前后对比如图1-4所示。

a) 划线盘

b) 游标高度卡尺

c) 零位检查

图1-3 划线前检查（一）

图1-4 划线量爪修磨前后对比

当刀尖用钝后，需要进行修磨。修磨时注意只能修磨上刀面（斜面）及两侧面，下刀面（基准面）不能修磨。各刀面示意如图1-5a所示。

修磨前，检查砂轮外圆面和侧面是否平整，如果不平，则应用砂轮修整器对砂轮外圆面和侧面进行修整。

修磨两侧面时，如图1-5b所示，右手紧握划线量爪并在砂轮托架上找好支点，左手大拇指轻推使划线量爪侧面与砂轮侧面进行修磨。修磨常用碳化硅砂轮（适用硬质合金的磨削）。

修磨上刀面（斜面）时，如图1-5c所示，右手紧握划线量爪，双手配合，左手在砂轮托架上找好支点，然后进行修磨。

### 6. 千斤顶的使用技巧

千斤顶（图1-6）是划线操作中用于支承形状不规则工件的辅助工具。千斤顶用来支承较大的工件，其支承高度可以调节。调整工件高度时，可用圆棒插入插孔进行左右旋转，以使顶尖升降（此时要特别注意升降的极限位置）。V形槽千斤顶主要用于支承工件的圆柱面。划线前应通过调节支承在不同位置的千斤顶高度并找正来使工件的位置符合划线的要求。调节支承高度时，一般是3个千斤顶配合使用。使用千斤顶时，千斤顶顶面和底面要擦拭干净，安放平稳，不能摇动。当用千斤顶支承圆弧面时，在所顶位置处应打一个较大的样冲眼，使千斤顶尖顶在样冲眼内，防止滑动。

a) 划线量爪

b) 两侧面修磨

c) 上刀面修磨

图1-5 划线前检查（二）

图1-6 千斤顶

图1-7 分度头

### 7. 分度头的使用技巧

分度头用来划轴类或盘类工件的中心线和等分线。划线时也可直接使用卡盘圆周上的刻度进行分度或等分，如图1-7所示。

### ▶ 1.1.3 认识划线涂料

为使划出的线条清晰可见，划线前应在工件需划线部位的表面涂上一层薄而均匀的涂料。常用划线涂料的配方和应用场合见表1-1。此外，对于表面粗糙的大型毛坯，划线时也可用粉笔来代替石灰水。

表1-1 常用划线涂料的配方和应用场合

| 涂料名称 | 配方 | 应用场合 |
|---|---|---|
| 石灰水 | 稀糊状石灰水加适量骨胶或乳胶 | 大中型铸、锻件毛坯 |
| 紫色水 | 紫色颜料（青莲、普鲁士蓝）2%～5%加漆片或虫胶3%～5%，再与91%～95%酒精混合而成 | 已加工表面 |
| 硫酸铜溶液 | 100g水中加1～1.5g硫酸铜和少许硫酸 | 形状复杂工件或已加工表面 |
| 特种淡金水 | 乙醇和虫胶为主要原料的橙色液体 | 精加工表面 |

# 1.2 划线的基本操作

根据所划线条在加工中的作用和性质，线条可分为基准线、加工线、基准线（找正线）、检查线和辅助线五种（图1-8）。

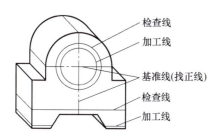

检查线
加工线
基准线(找正线)
检查线
加工线

**图1-8 线条的种类**

（1）基准线。划在工件表面，作为确定点、线、面之间相互位置关系所依据的线条称为基准线。

（2）加工线。根据图样，划在工件表面，表示加工界线的线条称为加工线。

（3）找正线。划在工件表面，作为使工件在机床上处于正确位置时用于找正的线条称为找正线。一般是将基准线和检查线作为找正线。

（4）检查线。划在工件表面，用于加工后检查和分析加工质量的线条称为检查线。

（5）辅助线。加工线以外的线条均为辅助线。

## 1.2.1 划线基准的选择

### 1. 基准的分类

基准分为设计基准和工艺基准两类：

（1）设计基准。设计基准是指零件设计时用来确定其他点、线、面位置的基准，就是图样上确定其他点、线、面位置及尺寸的基准。

（2）工艺基准。工艺基准也是加工的依据，在工件加工时，被用来确定其他点、线、面位置及尺寸的基准。

### 2. 划线基准类型

常见的划线基准类型有以下三种：

（1）以相互垂直的两个平面（或直线）为基准（图1-9）。例如，图1-9中底板是相互垂直的两个平面为基准 $A$、$B$。划线时，以相互垂直的 $A$、$B$ 基准面划出外形尺寸，孔的尺寸；燕尾角度交点处的相对于基准 $A$、$B$ 的尺寸线，划燕尾角度线，用金属直尺对正点1与点2，用划针进行划线，点3与点4，点5与点6，点7与点8划线原理同点1与点2，然后用金属直尺划出。

（2）以一个平面和中心线为基准（图1-10）。例如，图1-10所示滑块，划线时，以 $2 \times \phi 6H7$ 的孔中心连线为基准 $A$，另一平面以滑块较大的一面为基准进行划线。

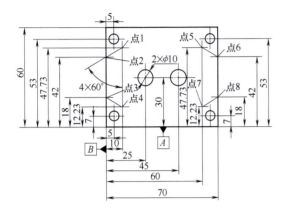

图 1-9　底板

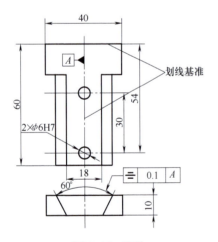

图 1-10　滑块

（3）以两条对称中心线为基准（图 1-11）。从图 1-11 中可以看出 $\phi$32mm 孔与 $\phi$10mm 孔中心线组成纵向基准，$\phi$32mm

孔与 $\phi$6mm 孔中心线组成横向基准，组成两条相互垂直中心线，划线时要找正基准。

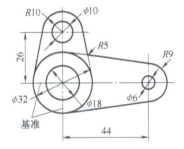

图 1-11　以相互垂直的中心线为基准

## 1.2.2　平面划线的方法

划线除要求线条清晰外，最重要的是保证尺寸的准确。尽管平面划线相对来说比较简单，却是一项重要、细致的工作。

**1. 划线的步骤及方法**

平面划线一般可按以下步骤和方法进行：

1）分析图样。详细了解工件上需要划线的部位和有关要求，确定划线基准。

2）工件清理。对工件的毛刺等进行清理。

3）工件涂色。在工件表面涂上涂料。

4）准备工具。准备好划线操作所需要的划线工具。

5）划线过程基本上可按以下步骤进行：首先划基准线（基准线中应先划水平线，后划垂直线，再划角度线）；其次划加工线（加工线中应先划水平线，后划垂直线，再划角度线，最后划圆周线和圆弧线等）；划线结束后，经全面检查无误后，打上样冲眼。

6）工件划线时的工艺基准应尽量与设计基准一致，同时考虑到复杂工件的特点，划线时往往需要借助某些夹具或辅助工具进行找正或支承。

7）装夹时合理选择支承点，防止重心偏移。划线过程中要确保安全。

8）若工件的划线基准是平面，可以将基准面放在划线平台上，用游标高度卡尺进行划线；如果划线基准是中心线（或对称面），应将工件装夹在弯板、方箱、分度头或其他划线夹具上，先划出对称平面或中心线，并以此为基准，再用游标高度卡尺划其他线。

### 2. 平面划线操作实例

图1-9所示底板为某公司钳工技能竞赛零件，基准A、B及两大面均已磨削，需要加工燕尾及各孔。材料：45钢，划线的步骤和技巧如下：

（1）分析图1-9底板图样，图中已经给出两相互垂直的面为基准A、B（设计基准），将基准A、B作为划线时的工艺基准，此时设计基准与工艺基准一致。

（2）在工件需要划线的表面涂色。

（3）准备划线工具及相关检查的工具。

如图1-12a所示，先用毛刷蘸蓝油在工件表面上涂刷，使工件表面涂色均匀，如图1-12b所示。

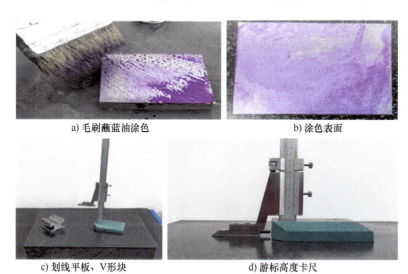

a) 毛刷蘸蓝油涂色     b) 涂色表面

c) 划线平板、V形块     d) 游标高度卡尺

图1-12　涂色及游标高度卡尺

准备划线平板、V形块、游标高度卡尺等，如图1-12c、d所示。

（4）划线过程及技巧：

第一步，以基准 A 为第一次划线基准，将底板的基准 A 放在平板上，大面紧贴 V 形块侧面，如图1-13a所示，左手大拇指紧压工件，使工件大面与 V 形块侧面贴紧，其他四指如图中手势紧握 V 形块，使工件与 V 形块保持固定不动，右手如图1-13b所示，握住游标高度卡尺由左至右进行划线。

a）划线手势（一）

b）划线手势（二）

**图1-13 划线的具体尺寸**

第二步，将工件沿大面方向旋转 90°，然后再划线，划基准 B 方向的尺寸。

计算尺寸如图1-14所示，依次划 7mm，18mm，42mm，47.73mm，53mm，60mm（以基准 A 划线）和 5mm，10mm，25mm，45mm，60mm，65mm，70mm（以基准 B 划线）。这种仅划出了两个相互垂直的线，而 4×60° 角度线和圆孔的划法未能划出。

4×60° 角度（燕尾）线有两种划法：

1）方法一：两点连线划法（图1-15），用金属直尺和划针找到交点进行划线，即交点 1-2 划直线，交点 3-4 划直线，交点 5-6 划直线，交点 7-8 划直线，如图1-15a所示。

2）方法二：借助正弦规进行划线（精密划线）（图1-16）。

划线时用量块将正弦规垫起一定角度，将工件紧贴 V 形块和正弦规，然后用游标高度卡尺进行划线，这样划出的线精确，误差小。

第一步，根据这个工件的特征及尺寸，将正弦规角度垫起 30°，然后按 A、B 尺寸进行划线（图1-16b）。

其中，A=（正弦规中心高 +15.59mm），B=（正弦规中心高 +71.37mm），划线计算尺寸如图1-16b所示，另两个斜线用同样的方法将工件旋转 180° 进行划线。

技巧：划线时，左手要扶住正弦规，正弦规的中心高需要提前进行计算（不同的角度，中心高是不一样的），这种划线方法适用于精密划线和各类技能竞赛的精密划线。

第二步，划 2×φ10 孔的参考线，两种划法如图1-17所示，①用划规划圆；②划圆的外切正方形参考线。

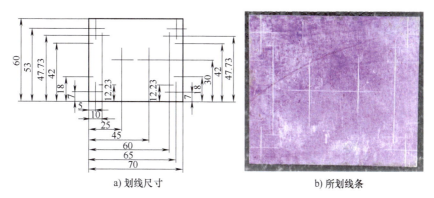

a) 划线尺寸 b) 所划线条

图 1-14 划线的具体尺寸

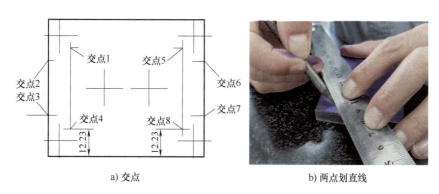

a) 交点 b) 两点划直线

图 1-15 两点连线划法

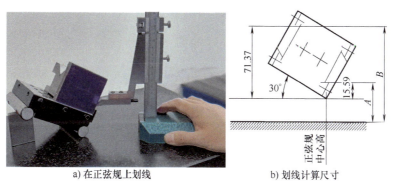

a) 在正弦规上划线 b) 划线计算尺寸

图 1-16 划角度线

a) 孔的2种参考线划法

b) 划规划圆

图 1-17　2×$\phi$10孔的参考线

第三步，自检。划线后对所划线进行检查，防止由于在调整游标高度卡尺时看错，或出现整数位误差，造成划线错误。划线完成后，用游标卡尺对照图样进行自我检查（图1-18a）。

第四步，打样冲眼。样冲眼的敲击过程，如图 1-18b、c，如果样冲眼敲击歪斜，可在此样冲眼基础上将样冲按样冲眼偏的相反方向敲击进行修正。

a) 游标卡尺自检

b) 样冲按线对中心

c) 打样冲眼

图 1-18　划线自检及打样冲眼

### 1.2.3　立体划线的方法

立体划线相对来说比较复杂，这是因为平面划线一般要划两个方向的线条，而立体划线一般要划三个方向的线条。每划一个方向的线条就必须有一个划线基准，故平面划线要选两个划线基准，而立体划线要选三个划线基准。因此，划线前要认真细致地研究图样，正确选择划线基准，才能保证划线的准确、迅速。

立体划线的方法很多。根据工件结构、外形尺寸大小的不同，其所采用的方法也不同，主要有直接翻转工件划线法、仿划线法和配划线法、直角铁划线法、作辅助线法及混合法等。

（1）直接翻转工件划线法。通过对工件的直接翻转，在工件的多个方向的表面上进行的划线操作称为直接翻转工件划线法，如图1-19所示。

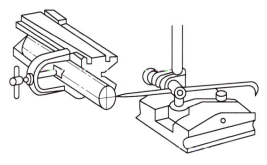

图1-19　直接翻转工件划线法

在机械制造中，最常用的立体划线就是直接翻转工件划线法。其优点是便于对工件进行全面检查和在任意表面上划线。其缺点是工作效率低，劳动强度大，调整找正比较费时。

（2）仿划线法。仿划线法划线时不是按照图样，而是仿照现成的工件或样件直接进行划线的方法。

仿划线一般作为划线作业中的应急措施，在遇到急需立即更换工件，但又没有图样时，为了争取时间，可不必等待图样测绘完成后再划线，而是直接按照样件边测绘边进行仿划线。图1-20所示为轴承座的仿划线法。

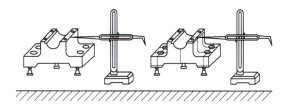

图1-20　轴承座的仿划线法

（3）配划线法。用已加工的工件或纸样的尺寸在待加工工件的相应位置所进行的划线操作称为配划线方法，通常也称为号孔。配划线是在装配或制造小批量工件时，为满足装配要求和节省时间而采用的一种划线方法。如图1-21所示的配划线法，就是利用上板已经加工的孔配划下板的孔，划线时使划针在孔内顺时针转动划线如图1-21a所示。划线时，划针的针尖要紧贴

a) 孔划线的手势

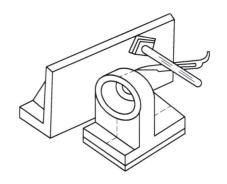

图 1-22　直角铁划线法

件挂在或压在垂直面上划线。但因为角铁不可能做得很大，所以一般只适合划最大尺寸不超过 1m 的中小型工件。

（5）作辅助线法。该方法一般是在划大型工件时采用。工件吊上平台划完第一面的线以后不再翻转，通过在平台或在工件本身上作出适当的辅助线，用各种划线工具相配合划出各不同坐标方向的线。

（6）混合法。有时工件形状特殊，只用作辅助线法划线很困难，这时可考虑将工件再翻转一次，与作辅助线法相结合划完其余各线。

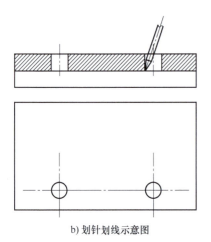

b) 划针划线示意图

图 1-21　配划线法

孔与被划线的面。

（4）直角铁划线法。直角铁划线是将划线盘靠在直角铁上进行划线，如图 1-22 所示。它的优点是：简化工件的找正过程；适合无法翻转的薄板型工件的划线；同时还可在直角铁上安上圆柱销或螺栓，将工

### ▶ 1.2.4　立体划线的步骤

（1）认真分析图样，详细了解工件上各加工部位的作用和要求，了解加工工艺和工件划线的次数。

（2）检查毛坯的误差情况，确定是否

第
1
章

划
线

需要借料。

（3）按工件特点选择划线工具。

（4）确定划线基准，并划基准线。

（5）划其他水平线、垂直线、斜线，最后划圆、圆弧和曲线等。

（6）对照图样和实物检查划线的准确性，以及是否有漏划的线。

（7）检查无误后，打出样冲眼。

## 1.2.5 立体划线支承要点

（1）首先应考虑便于划线和方便以后的机械加工。

（2）应使工件上的主要加工线和主要加工面平行于平台平面。

（3）根据工件特点可用三点支承、两点支承或一点支承，但应使工件平稳，便于调节，支承牢靠。

（4）工件的三点支承点应尽可能分散，重心应基本上落在三点所构成的三角形重心部位。

（5）划大件时，应先用枕木和垫铁支承，然后用千斤顶调节。

（6）对偏重和形状特殊的大型工件，应在必要部位增设夹具，构成较大的三角形，以作辅助支承。

（7）特大工件划线时，应加高垫铁并保证安全，以便进入工件下面划线。

## 1.2.6 立体划线基准的确定

常用立体划线基准的确定见表 1-2。

表 1-2　常用立体划线基准的确定方法

| 工件类型 | 表面状况 | | 基准的选定 |
|---|---|---|---|
| 毛坯件 | 待加工平面与不加工平面 | | 选定不加工平面 |
| | 所有平面都要求加工 | | 选定加工余量较小或精度要求较高的平面 |
| | 两个不加工的平行平面或对称的平面 | | 选定对称中心平面 |
| | 两个以上不加工的平面 | | 选定较大而平整的不加工平面 |
| | 大平面与小平面 | | 选定大平面 |
| | 复杂面与简单面 | | 选定复杂面 |
| | 坯件有孔、凸台或毂面 | | 选定中心点 |
| | 坯件带有斜面 | 斜面大于其他面 | 应先划斜面 |
| | | 斜面相当或小于其他面 | 最后划斜面 |
| 半成品件 | 在工件某一坐标方向上 | 有已经加工好的面 | 以加工面为基准划其余各线 |
| | | 不加工面与待加工面 | 以不加工面为基准划其余各线 |
| | 经加工过的几个面 | | 选定设计基准或尺寸要求最严的面 |

### 1.2.7　立体划线实例

以轴承座的划线为例（图1-23），说明立体划线操作注意事项及步骤如下：

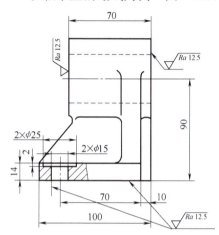
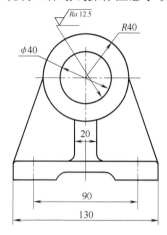

图1-23　轴承座零件图

#### 1.划线操作时的注意事项

（1）工件夹持要稳妥，以防滑倒或移动。

（2）在一次支承中，应把需要划出的平行线全部划出，以免再次支承补划，造成误差。

（3）应正确使用划针、划线盘、游标高度卡尺及金属直尺等划线工具，以免产生误差。

（4）用千斤顶支承时，应尽量使工件重心落在千斤顶构成三角形的中心，使用前可以先预调高度，如图1-24所示。

图1-24　预调千斤顶的高度

#### 2.划线操作步骤

（1）以轴承座外圆（R40mm）为基准圆，用钩头划规找正并划出轴承座内孔中心范围线，如图1-25所示。

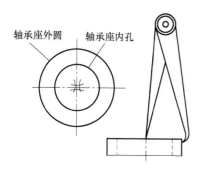

图 1-25　装中心棒及找正中心

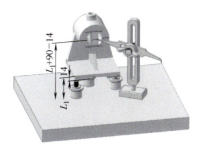

图 1-27　轴承座高度方向划线方法

（2）工件的安装与找正。如图 1-26 所示，调节三个千斤顶的高度，用划线盘找平不加工面轴承座底板上平面。调节千斤顶高度，用划线盘在不加工表面 $A$ 的四角进行找正，使之与划线平面平行。

图 1-26　调节千斤顶、用划线盘找平

（3）高度方向划线，步骤如下：

1）如图 1-27 所示，用金属直尺或划线盘弯尖配合游标高度卡尺量取尺寸 $L_1$；划线盘直脚尖配合游标高度卡尺截取尺寸（$L_1$+90mm-14mm），划出轴承座孔中心线，增减内孔半径后对照金属直尺量取尺寸，划

出座孔（$\phi$40mm）上下内圆切线。

2）划线盘直脚尖配合游标高度卡尺截取尺寸（$L_1$-14mm），划出轴承座底部安装面加工线。

3）同理划出注油孔端面高度线。

4）观察所划轴承内孔高度方向上的中心线是否位于步骤（1）中用钩头划规找出的中心范围内。若在"井"字形中心圆弧范围内，则不需要借料；若不在"井"字形中心圆弧范围内，则应进行高度方向上的借料操作，即可通过调整轴承座内外圆高度方向上的加工余量进行借料。

（4）长度方向划线。将轴承座翻转90°，用三个千斤顶支承好，调整千斤顶，用直角尺找正垂直度，如图 1-28 所示。

1）如图 1-28a 所示，与划高度方向的加工线相似，用划线盘直脚尖划出长度方向的中心轴线，在游标高度卡尺上对照孔中心线高度数据，加减孔半径后用直脚尖在游标高度卡尺上截取尺寸并划出上下内孔圆切线。

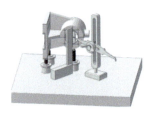

a) 轴承座长度方向划线方法

b) 轴承座宽度方向划线方法

**图 1-28　轴承座划线方法**

2）用划线盘直脚尖截取好尺寸，并划出轴承座安装底面长度方向的加工线。

3）用划线盘直脚尖截取好尺寸，并划出轴承座底面安装孔长度方向的加工线。

4）观察所划轴承内孔长度方向上中心线是否位于步骤（1）中用钩头划规找出的中心范围内。

（5）宽度方向划线。如图 1-28b 所示，将轴承座再翻转 90°后安放，调整千斤顶的高度，并用直角尺校验垂直度，划出轴承座孔端面加工线、底面安装孔宽度方向的加工线及安装底面宽度方向的加工线。

（6）划线完毕检查无误后，在所划的线上打出样冲眼，此时划线即完成。

### ◉ 1.2.8　分度头划线

#### 1. 分度公式

如要使工件按 $z$ 等份分度，每次工件（主轴）要转过 $1/z$ 圈，则分度头手柄所转圈数为 $n$ 圈，它们应满足如下关系

$$n = \frac{40}{z} = a + \frac{P}{Q}$$

式中，$n$ 为等分 $z$ 等份时，分度头应转过的圈数；$z$ 为工件的等分数；40 为分度头定数；$a$ 为分度手柄的整圈数；$Q$ 为分度盘某一孔圈的孔数；$P$ 为手柄在孔数是 $Q$ 的孔圈上应摇过的孔距数。

可见，只要把分度手柄转过 $40/z$ 圈，就可以使主轴转过 $1/z$ 圈。

如图 1-29 所示，现要将圆柱体六等分（即在端面和外圆柱面上划出正六棱柱加工界线），则每划一条线，分度头手柄应转过的圈数为 $n = \dfrac{40}{6} = 6\dfrac{2}{3}$ 圈，即分度头每转 $6\dfrac{2}{3}$ 圈，可划出一条线，如此转动手柄就可在圆柱体端面上划出六边形。但问题是 2/3 圈如何转呢？下面就针对这一问题来进行详细分析。

#### 2. 分度方法

（1）简单分度法。如图 1-29 所示，利用刻度盘可进行简单分度。例如要在圆柱体端面和外圆柱面上划出正六棱柱加工界

线，每次将手柄摇过 60°，用游标高度卡尺划一条线即可。

图 1-29 分度头划线

（2）精确分度划线。如欲精确地等分度数，可利用分度盘进行分度划线。如图 1-30 所示的分度盘，它是分度计数的依据。在分度盘上有几圈孔数不同、等分准确的孔眼，当计算出的 $n$ 值带有分数时，可把此分数的分母与分子同时扩大一个倍数，使分母数字和分度盘上的某一圈孔数相同，而分子数就是手柄应摇过的孔距数。例如上例中的 2/3 圈，可将分母与分子同时扩大 8 倍，演变为 16/24，而 24 个孔正是分度盘上一组孔圈，故只要在 24 孔圈组上，将分度手柄摇过 16 个孔距（17 个孔）即可达到转 2/3 圈的目的。也就是说，每当摇过 6 圈和 16 个孔距（17 个孔）后就可以划一条线，如此转动手柄，就可以划出正六边形了。如果将 2/3 圈的分母与分子同时扩大 10 倍，演变为 20/30，而 30 孔也是分度盘上一组孔圈，故只要在 30 孔圈组上，将分度手柄摇过 20 个孔距（21 个孔），即可达到转 2/3 圈的目的。也就是说，每当摇过 6 圈和 20 个孔距（21 个孔）后就可以划一条线。类似地还可以将分子与分母同时扩大为其他倍数。经验证明，在孔越多的孔圈组上分度，其分度精度就越高。具体分度过程如图 1-30 所示。

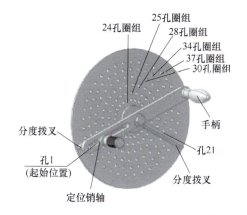

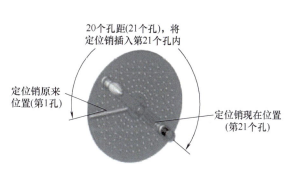

图 1-30 利用分度盘精确分度

# 1.3 划线的方法与技巧

（1）划线及工件搬运过程中是允许戴手套的，如图 1-31a 所示。

（2）千斤顶的位置与高度都需要提前预调，最后精调，以保证支承安全、可靠，如图 1-31b、c 所示。

（3）对毛坯划线可以进行借料和找正，如图 1-31d、e 所示。

a) 手套

b) 千斤顶位置预调

c) 千斤顶高度精调

d) 划线盘找正毛坯高度

e) 划线

图 1-31　划线的技巧与方法

划线常见缺陷及防止措施

划线常见的缺陷及防止措施见表 1-3。

表 1-3　划线常见的缺陷及防止措施

| 常见缺陷 | 原因分析 | 防止措施 |
|---|---|---|
| 划线不清楚 | 1）划线涂料选择不当<br>2）划线高度尺划脚不锋利 | 1）石灰水适用于锻、铸件表面，紫色水适用于已加工表面<br>2）保持划脚锋利 |
| 划线位置错误 | 1）看错图样尺寸，尺寸计算错误<br>2）线条太密，尺寸线分不清 | 1）划线前仔细分析图样，认真计算<br>2）可分批划线，划十字线时测量尺寸 |
| 划线弯曲不直 | 划线尺寸太高，划针、高度尺用力不当，产生抖动 | 1）首先应擦净平板，并涂一薄层润滑油<br>2）要划的线过高时，应垫上方箱 |
| 立体划线重复次数太多 | 1）借料方向、大小有误<br>2）主要表面与次要表面混乱 | 1）分析图样，确定借料方向、大小<br>2）试借一次后，统一协调各表面 |
| 镶块、镶条脱落 | 1）镶块、镶条塞得不紧<br>2）木质太松<br>3）打样冲时用力太大 | 1）对大型零件，用金属镶条撑紧<br>2）用木质较硬的木材<br>3）打样冲时应垫实镶条，然后再打 |

操作视频

平面划线

# 第2章

‹ ‹ ‹ ‹ ‹ ‹ ‹ ‹

## 锯削与錾削

## 2.1 认识锯削工具

### 1. 锯弓

钳工的锯削加工通常由手锯来完成。手锯由锯弓和锯条组成。锯弓用来安装和张紧锯条，分为可调式和固定式两种，其结构如图2-1所示。

a) 固定式锯弓

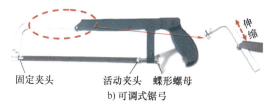

固定夹头　　活动夹头　蝶形螺母

b) 可调式锯弓

图 2-1　锯弓的形式

可调式锯弓如图2-1b所示，由于可调式锯弓的前段可在后段内自由伸缩，因此，可安装不同长度规格的锯，应用广泛。调整方法：保证蝶形螺母处于松开状态，调整锯弓头部，根据需要调整锯条的安装距离，将锯条的销孔，安放在固定夹头和活动夹头的圆柱销上，旋紧活动夹头上的蝶形螺母，就可以调整锯条的松紧。

### 2. 锯条

锯条材料一般由 T10、T10A 碳素工具钢制成，经过热处理，其硬度不小于 62HRC。锯条的基本结构由锯齿（工作部分）、条身和销孔等构成，如图2-2所示。

销孔　　　　条身　　　　　锯齿

图 2-2　锯条的基本结构

锯条的规格有两种：

（1）一种是长度规格。长度规格以两端安装孔之间的中心距长度来表示，有200mm、250mm、300mm 三种。钳工常用的是 300mm。

（2）另一种是锯齿规格，如图2-3所示。

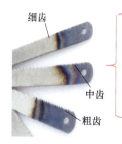

细齿

细齿(14～18齿)/25mm：锯切硬钢及薄壁工件等

中齿(19～23齿)/25mm：锯切普通钢、铸铁等中硬材料

粗齿(24～32齿)/25mm：锯切铜、铝等软材料或厚工件

中齿

粗齿

图 2-3　锯齿规格

# 2.2 锯削的基本操作

## 2.2.1 锯削操作方法与技巧

锯削操作加工的质量与其操作手法的正确性关系很大。

### 1. 锯条的安装方法

安装锯条时，右手握弓柄，首先适当调松后锯钮的蝶形螺母，再装锯条。装锯条时要注意观察齿尖方向（齿尖应向前），如图2-4所示，先装锯弓前端，后装锯弓后端，然后拧紧蝶形螺母，使锯条的松紧适当。

齿尖向前

图2-4　锯条的安装

### 2. 起锯的方法

在工件的边缘处进行锯缝定位时的锯削称为起锯。起锯分为前起锯、后起锯两种方法。

（1）前起锯。

1）前起锯是在工件的前端开始起锯。起锯前，用左手拇指或食指的指甲抵住锯条的条身进行锯缝定位，然后倾斜15°

左右，注意保证至少有三个以上的锯齿参加切削，以防止卡断锯齿，如图2-5a所示。起锯时，锯削速度要慢，行程控制在150mm左右，压力要小，防止锯条崩齿。当锯到槽深2～3mm时，起锯完成，左手拇指或食指即可离开锯条，将左手扶在前弓架端部进行全程锯削。

2）起锯时目光直视左手食指的指甲处，如图2-5b所示。

3）前起锯锯缝深2～3mm，如图2-5c所示。

4）按照已经起锯的锯缝，左右手握住锯弓可以进行锯削，刚开始时，锯削力不能大，如图2-5d所示。

（2）后起锯。

1）将左手拇指指甲，放在已划线处，留出锯路，如图2-6a所示。

2）右手握住锯弓，使锯条紧贴拇指指甲，将锯弓放在尾部1/4处，并与平面成15°夹角，使锯条往后拉，拉一次完成后，抬起锯弓，然后按前述步骤再往后拉一次，直至锯缝深2～3mm，注意锯路离划线的距离目测为0.1mm左右，如图2-6b所示。

3）锯缝深2～3mm，如图2-6c所示。

4）按照已经起锯的锯缝及角度，前后锯削即可，如图2-6d所示。

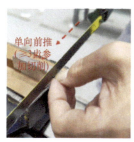

a) 前起锯手势　　　　b) 目光方向

c) 前起锯锯缝　　　　d) 起锯后锯削

图 2-5　前起锯方法

a) 后起锯左手手势　　b) 后起锯姿势

c) 后起锯锯缝　　　　d) 后起锯锯削

图 2-6　后起锯方法

（3）锯路的方向。锯削路线以边界线的左右分为左锯路，右锯路，如图 2-7 所示。锯削过程中往往根据个人习惯进行。

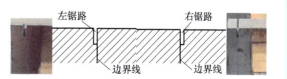

图 2-7　锯路区分

### 2.2.2　锯缝歪斜的防止和纠正

正确的锯弓握法与锯削姿势对锯缝歪斜起一定的预防作用。

**1. 锯弓的握法**

1）左手握稳锯柄，左手轻扶在锯弓架的弯头处，拇指压在锯弓背上，其余四指扣住锯弓前端。在锯弓的运动和锯削过程中，左手起扶持手锯的作用，如图 2-8a 所示。

2）右手拇指与四指自然握住锯弓手柄处，在锯削过程中，锯弓的运动和锯削的压力及推力主要由右手控制，如图 2-8b 所示。

3）锯弓正确的握法，如图 2-8c 所示。

4）锯削的正确姿势，如图 2-8d 所示。

a) 左手握法

c) 锯弓正确握姿

b) 右手握法

d) 正确的锯削姿势

图 2-8　锯削姿势

### 2. 锯缝歪斜的纠正方法

在锯削过程中，锯弓是在前后不停运动着，很容易产生锯缝歪斜，如图 2-9a 所示。锯缝发生歪斜的原因，是锯弓发生左倾斜或右倾斜，如图 2-9b 所示。下面介绍锯缝歪斜的修正方法。

a) 锯缝歪斜

b) 锯削过程中锯弓发生左倾斜

图 2-9　锯缝歪斜

1）悬空锯削方法。在锯削过程中，锯缝发生较明显歪斜时，可利用锯路的特点采用"悬空锯"的方法进行纠正。

2）纠正操作方法：先将锯条尽量调紧绷直，将锯条条身悬于锯缝歪斜的弯曲部位稍上位，使锯条往歪斜相反的方向倾斜 $\theta$（图 2-10b），使锯条齿部与锯缝的左侧接触，齿身与锯缝的右侧接触，如图 2-10b 所示，使锯条悬浮于待修改的位置，然后向后轻拉锯弓，待锯出新的纹路修正后，再转入正常锯削。修正锯削时锯弓要右倾，如图 2-10a 所示。修正的锯缝，如图 2-10c 所示。

3）锯条安装太松或与锯弓平面扭曲，也会导致锯缝歪斜。所以锯条安装时要松紧合适，以手转动锯条的转角幅度在 ±5°左右。

b) 锯条接触部位

a) 锯缝歪斜　　　　c) 修正的锯缝

图 2-10　锯缝修正方法

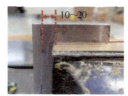

a) 正确的装夹　　　　b) 不正确的装夹

图 2-11　工件装夹

### 2.2.3　锯削操作注意事项

锯削操作除需掌握必要的技法外，操作时还应注意以下事项，以保证操作的质量及操作安全：

1）工件正确的装夹：在台虎钳上装夹工件时，一般情况下，工件的锯削位置多在台虎钳的左侧，这样比较方便和顺手，当然也有习惯在台虎钳右侧安装的。工件的锯缝位置应离钳口侧面 20mm 左右，如图 2-11a 所示，如果锯缝位置离钳口过近，握持手柄的手在锯削时容易碰到台虎钳而受伤；如果锯缝位置离钳口过远，则在锯削时容易产生振动而导致断齿。锯削加工线应与钳口侧面保持平行。

2）工件不正确的装夹：如图 2-11b 所示的装夹位置，外悬伸太多，A 处的尺寸悬出大于 60mm，B 处尺寸悬伸高，台虎钳夹持零件的位置有限，致使工件夹持不可靠。锯削时，工件会产生振动，发出"噗、噗"的响声。锯削过程中极容易使工件脱落或发生歪斜，非常不安全。

3）锯弓的不正确的握法：如图 2-12 所示，右手食指伸直，会导致在锯削快结束时，食指碰触工件或台虎钳，容易受伤。左手四指与拇指，虽然起到扶正锯弓的作用，但其力度不够，容易出现歪斜的现象。

4）当工件将要锯断时，应减小锯削压力，避免工件突然断开时，握持手柄的手仍然在向前用力而碰到台虎钳使自己受伤。

5）当工件将要断开时，应该用左手握住工件将要断开的部分，同时减小锯削压力和降低锯削速度，避免工件掉下砸伤脚。

图 2-12　手锯不正确的握法

6）锯削时用力要适当，摆动幅度不要过大，要控制好速度（节奏），不可突然加速或用力过猛，以防锯条折断伤手或者手碰到台虎钳而受伤。

7）握持锯弓时，注意手指不要伸到弓架内侧，特别是左手不要抓握弓架，以防手被碰伤，如图 2-12 所示。

# 2.3 典型工件的锯削方法与技巧

## ▶ 2.3.1 管料的锯削方法与技巧

管料锯削一般采用如图 2-13a 所示的管料转动锯削法。

a) 管子与锯条的相互关系　　b) 转动管子锯削

c) 最后的锯缝　　d) 锯路

图 2-13　管料的锯削

### 1. 管料转动锯削法

管料转动锯削法是当锯条刚一锯透内管壁，就将管料转动一个角度重新进行装夹后锯削，以此类推，直至将管料锯断，如图 2-13b、c 所示。锯条选择及锯削施力方向，如图 2-14 所示。

### 2. 连续锯削法

连续锯削法就是锯条自上而下进行连续锯削，直至锯断管料。

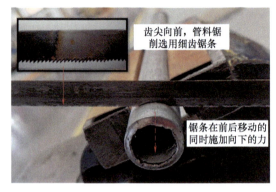

齿尖向前，管料锯削选用细齿锯条

锯条在前后移动的同时施加向下的力

图 2-14　锯条选择及锯削施力方向

这种锯法从刚一锯透内管壁到接近圆心处的区域中时，锯齿容易被内管壁卡住而崩掉。因此，锯削此区域时，需要注意以下几个问题：①锯条要尽量水平锯削，不要上下摆动；②要将锯削速度控制在 20 次/min 左右；③压力适当减小；④薄壁管件在锯削时，可以单向后拉锯削（锯齿向前安装）可避免锯齿崩齿；⑤锯条选择细齿锯条。

当锯削薄壁管时，为防止夹伤管件，要用 V 形木衬垫夹持管件（图 2-15），然后采用转动锯削法或采用连续锯削法锯削。锯削管材时，不能从一个方向锯到底，因为钢锯锯穿管材内壁后，锯齿即在薄壁上切削，由于受力集中，很容易被管壁钩住而折断。正确的方法是：当锯到管材内壁

时就停锯，把管材向推锯方向转过一些，锯条依原有的锯缝继续锯削，这样不断地转锯，直至锯断为止。

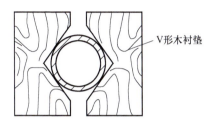

V形木衬垫

图 2-15　薄壁管的锯削

▶ **2.3.2　薄板料的锯削方法与技巧**

（1）将薄板料夹在两木块之间，连同木块夹在台虎钳上一起锯削，这样增加了薄板料锯削时的刚度，防止锯齿折断和崩齿，如图 2-16a 所示。当锯齿局部有几个齿崩裂后，应及时把断齿处在砂轮上磨光，并把后面二、三齿磨斜，如图 2-16b 所示，然后再进行锯削。

（2）锯削薄板时，锯条上若少于两个齿同时参与锯削，薄板就容易卡住锯齿并使锯条崩齿或折断。锯薄板料应选用细齿锯条，尽可能从宽面锯下去，锯条相对于工件的倾斜角应不超过 30°，这样锯齿不易被卡住。如果一定要从板料的狭面锯下去，当板料宽度大于钳口深度时，应在板料两侧贴上两块木板夹紧，按线连同木板一起锯下，如图 2-16a 所示。当板料宽度小于钳口深度时，应将板料切断线与钳口对齐，使锯条与板料成一定角度，自工件左端向右锯削，如图 2-17a 所示。板料锯削过程中，若操作不当，会出现崩齿现象。

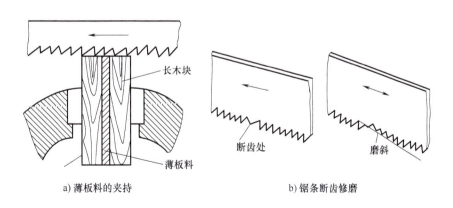

长木块

薄板料

断齿处

磨斜

a) 薄板料的夹持　　　　　　　　　b) 锯条断齿修磨

图 2-16　板料宽度大于钳口深度薄板的锯削

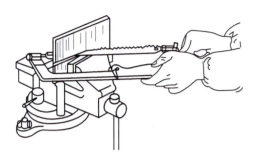
a) 板料宽度小于钳口深度薄板的锯削

b) 锯弓锯削姿势

图 2-17 薄板料锯削方法

### ▶ 2.3.3 圆弧轮廓的锯削

#### 1. 锯条的修磨技巧

在板料加工中，有时需要进行曲线轮廓的锯削。为了尽量锯削比较小的曲线半径轮廓，需要将锯条条身磨制成一定的形状及尺寸，如图 2-18 所示，即其工作部分的长度为 150～200mm 左右，宽度为 5～8mm 左右，两端采用圆弧过渡。

150～200

5～8

图 2-18 锯条修磨形状及尺寸

锯条磨制过程中要注意的问题：①要

及时放入水中冷却，防止退火，降低硬度；②要在条身（5～8mm 左右）两端磨出圆弧过渡，以利于切削并防止条身折断。

#### 2. 锯削外曲线轮廓方法

进行外曲线轮廓锯削时，要尽量调紧锯条，先从工件外部锯出一个切线切入口，如图 2-19a 所示，然后再沿着曲线轮廓加工线锯削，如图 2-19b 所示，最后得到外曲线轮廓工件。

锯削过程中要始终保证锯弓与锯条成一定的角度 $\theta$，如图 2-20 所示，这个 $\theta$ 根据锯条与轮廓内曲线的偏移情况，随时进行调整，才能进行圆弧锯削。

#### 3. 锯削内曲线轮廓方法

进行内曲线轮廓锯削时，先从工件内部接近加工线的地方钻出一个工艺孔（直径为 15 ～ 18mm），再穿上修磨过的锯条并尽量调紧锯条，然后锯出一个弧线切入口（图 2-21a），再沿着曲线轮廓加工线锯削（图 2-21b），最后得到内曲线轮廓工件（图 2-21c）。

a) 锯削入口

b) 沿曲线轮廓线锯削

图 2-19　锯削外曲线轮廓的步骤

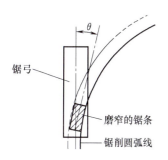

图 2-20　锯弓与锯条的角度

a) 锯削入口

b) 沿曲线轮廓线锯削

c) 锯削完成的工件

图 2-21　锯削内曲线轮廓

**锯削常见缺陷及防止措施**

锯削常见的缺陷及防止措施见表 2-1。

表 2-1　锯削常见的缺陷及防止措施

| 常见缺陷 | 原因分析 | 防止措施 |
|---|---|---|
| 锯削面不直、不平、锯缝歪斜 | 1）锯条磨损仍继续使用<br>2）锯条安装太松<br>3）锯削时压力太大<br>4）锯削速度太快<br>5）锯削时双手操作不协调，推力、压力和方向掌握不好 | 1）更换新锯条<br>2）提高锯削操作技能 |
| 锯条崩齿折断 | 1）压力太大<br>2）起锯角度不对<br>3）锯薄板时锯条选择不当，夹持不正确<br>4）锯缝歪斜后强行纠正<br>5）新换锯条后仍沿旧缝锯削<br>6）锯条过紧或过松<br>7）工件装夹不正确，锯削部位距钳口太远，以致产生抖动或松动 | 1）适当减小锯削压力<br>2）提高锯削操作技能 |
| 锯条磨损过快 | 1）锯削速度太快<br>2）材料太硬<br>3）锯削硬材料时未加切削液 | 1）适当减小锯削速度<br>2）提高锯削操作技能 |

# 2.5 錾削

用锤子打击錾子对金属工件进行切削加工的方法称为錾削。

錾削主要用于不便于机械加工而用手工加工又很方便的地方，如去除毛坯上的凸缘、毛刺，分割材料，錾削平面及沟槽等。通过錾削工作的挥锤锻炼，可以提高锤击的准确性，为装拆机械设备打下扎实的基础。

## ▶ 2.5.1 认识錾削工具

### 1. 錾子

錾子的种类很多，钳工常用錾子的种类主要有扁錾（平錾）、尖錾（窄錾）和油槽錾三种，如图 2-22 所示。

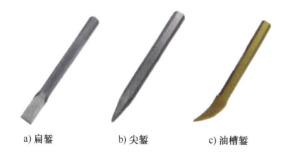

a) 扁錾　　　b) 尖錾　　　c) 油槽錾

图 2-22　錾子的种类

1）扁錾切削部分扁平，切削刃略带圆弧，主要用于錾削平面、去飞边、凸缘和

分割板材等。

2）尖錾的切削刃较硬，切削部分两个侧面从切削刃起向柄部逐渐变窄，主要用于錾削沟槽或将板料分割成曲线。

3）油槽錾的切削刃硬度较高，呈圆弧形或菱形，切削部分常做成弯曲形状，主要用于錾削平面或曲面上的油槽。

4）图 2-23 所示为錾子（扁錾）的结构。錾子主要由錾刃（切削部分）、錾身和錾头三部分构成。錾刃是由前、后刀面的交线形成；錾身的截面形状主要有八角形、六角形、圆形和椭圆形，使用最多的是八角形，便于掌控錾子的方向。

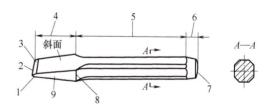

图 2-23　錾子的结构

1—后刀面　2—錾刃　3—前刀面　4—切削部分
5—錾身　6—錾头　7—球面　8—錾肩　9—腮面

### 2. 锤子

锤子由锤头、锤柄和镶条构成，如图 2-24 所示，它是钳工常用的锤击工具。其中，锤头由 T7、T8 碳素工具钢制成，两

端锤击部位经过热处理。锤子是钳工基本操作及拆装操作中最常用的手动工具之一。常用的有 0.22kg、0.44kg、0.66kg、0.88kg、1.1kg 等几种。

图 2-24　锤子

## ▶ 2.5.2　錾削的操作方法与技巧

錾削是用锤子锤击錾子，以对金属进行切削加工的操作。錾削主要用于去除工件（毛坯）上的飞边或分割材料等，常用于不便机械加工的场合。錾削加工的质量与其操作手法的正确性关系很大。

### 1. 錾子和锤子的握法和技巧

錾子的握法有正握法、反握法和立握法三种，如图 2-25 所示。

### 2. 锤子的握法

用锤子进行敲击时，锤子的握法有两种。

1）紧握法：即用五个手指握住锤子，无论是在抬起锤子或进行锤击时都保持不变，其特点是在挥锤和落锤的过程中，五指始终紧握锤柄，如图 2-26 所示。

2）松握法：即在抬起锤子时，小指、无名指和中指依次放松，在落锤时又以相反的顺序依次收拢紧握锤柄，其特点是手不易疲劳，锤击力大。

錾削时操作者站在钳台前，站位如图 2-27c 所示，左脚与台虎钳中心线成 30°，

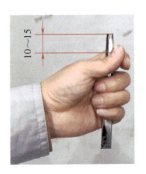
a) 正握法

b) 立握法

c) 反握法

图 2-25　錾子的握法

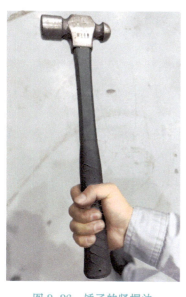

图 2-26 锤子的紧握法

a) 站位图

b) 站位图示

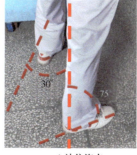

c) 站位姿态

d) 錾削站立俯视图

图 2-27 錾削站立姿势

右脚与台虎钳中心线成 75°。俯视如图 2-27d 所示。正确的站立姿势是为了在錾削时便于用力，且全身不易产生疲劳现象。通常左脚向前半步，右脚在后，两脚之间的距离约为一锤柄长，重心置于左脚，稳定地站在台虎钳的近旁。腿不要过分用力，左膝盖稍微弯曲，右腿站稳伸直。头部不要探前或后仰，应面向工件，目视錾子刃口。

### 3. 挥锤的方法

挥锤方法分为腕挥法、肘挥法和臂挥法三种。

1）腕挥法。腕挥法是以腕关节动作为主，肘关节、肩关节相互协调进行的一种

挥锤方法，如图 2-28 所示。由于锤子的挥起幅度较小，因而锤击力量也比较小，一般用于起錾、收錾和精錾。腕挥时采用紧握法握锤。

图 2-28 腕挥姿态

2）肘挥法。肘挥法是以肘关节动作为主，肩关节、腕关节相互协调所进行的一

35

种挥锤方法，如图 2-29 所示。由于锤子的挥起幅度较大，因而锤击力量也比较大。肘挥时采用松握法握锤。

3）臂挥法。臂挥法是以肩关节动作为主，上臂大幅度摆动的一种挥锤方法，如图 2-30 所示。由于挥锤位置为最高极限，因而锤子的挥起幅度最大，所以锤击力量也最大，一般用于大力錾削。臂挥时采用松握法握锤。

**4. 錾子錾削操作注意事项**

1）图 2-31a 所示握锤在中部，这样锤击使不上力；图 2-31b 所示锤击到手，容易受伤；图 2-31c 所示錾削时站立姿势不正确，手握锤的位置也不正确，锤击时锤击力度不够。

2）手柄与锤头若有松动，应及时将镶条楔紧；若发现手柄有损坏，应及时更换；手柄上不得沾有油脂，以防使用时锤子滑出而发生事故。

3）錾子头部出现明显的裙边毛刺时应该及时磨去。

4）锤击时，眼睛要始终看着錾子的刃尖部位，随时观察錾削情况（如果看着錾头部位，反而容易打手）。

5）进行臂挥操作时，应先挥 2～4 次的过渡锤，即由腕挥（1～2 锤）过渡到肘挥（1～2 锤），再由肘挥过渡到臂挥，同时力量也是由轻逐步过渡到重。

图 2-29　肘挥姿态

图 2-30　臂挥姿态

a) 握锤不正确

b) 锤击部位错误

c) 站立姿势不正确

图 2-31　错误的操作动作

### 2.5.3 錾子的刃磨方法与技巧

錾削操作过程中，免不了要对錾钝的錾子进行刃磨。掌握錾子的刃磨操作技巧和方法是钳工的基本功。刃磨技巧和方法主要有以下方面：

（1）砂轮机的使用注意事项。

1）砂轮机开机时，人要站在砂轮机侧方位距离 300～400mm，人不能正对砂轮机，待砂轮机旋转平稳约 1～3min 后，再进行磨削工作。使用砂轮机时要戴防护眼镜和安全帽，如图 2-32 所示。

图 2-32　砂轮机开机前站立位

2）砂轮机的搁架与砂轮外圆间的距离，一般应保持在 3mm 以内，也不能过小，如图 2-33 所示。过大容易使被磨削件轧入，造成事故。过小，则砂轮在起动时易直接磨削搁架或崩碎砂轮。

3）遵守砂轮机的安全使用规程。

（2）錾子刃磨时的握法。

1）双手在砂轮前的握法：左手握住扁錾靠近尾部位置，左手靠住搁架，为支点，右手轻握扁錾头部，以其中一个手指轻支到搁架上，如图 2-34 所示。总之，左右手都要在搁架上找到支点，辅助扁錾握持可靠。然后扁錾即可在砂轮的轮缘面上进行刃磨。刃磨时，錾刃必须高于砂轮水平中心线，一般在砂轮水平中心线上 30°～60°的范围内进行刃磨。

图 2-33　砂轮搁架安全间距

图 2-34　扁錾刃磨握法

2）刃磨时，除要在刃磨范围内进行，还要在砂轮轮缘的全宽面上左右移动（图 2-35a），同时要控制好錾子的位置和角度，以保证刃磨出所需要的楔角值和平直的刃线（刃线要平行于斜面）。刃磨时施加在錾子上的压力不宜过大，左右移动要平稳，还要及时蘸水冷却以防止退火。

扁錾斜面的刃磨（图2-35b），右手为支点，左手握着扁錾轻靠砂轮，进行磨削。

（3）刃磨步骤（图2-36）。

1）首先目测錾身的两组相互垂直的平行平面是否平行和垂直，必要时可刃磨处理。

a) 前后刀面刃磨手势

b) 斜面在砂轮上刃磨手势

图 2-35　扁錾刃磨方法

a) 磨前、后刀面

b) 目测观察

c) 前刀面刃磨效果

d) 楔角刃磨效果

图 2-36　扁錾刃磨步骤

2）磨平两斜面。先磨平一个斜面，目测此斜面与錾身平面基本平行即可；再磨平另一斜面，目测此斜面与錾身平面基本平行。

3）磨平两腮面。先磨平一腮面，此腮面要基本垂直于一个选定斜面；再磨平另一腮面，此腮面也要基本垂直于选定斜面。

4）粗磨前、后刀面（图2-36a）。

5）按照要求磨出錾头锥面。

6）精磨前、后刀面。

7）精磨两腮面。

（4）通过火花观察刃磨技巧。

1）当磨斜面时，使用砂轮侧面与扁錾的斜面进行磨削，当扁錾侧面与砂轮相接触磨削时观察火花，刃磨时火花在砂轮侧面呈圆弧状（图2-37a）。

2）磨前刀面和后刀面的火花。目测观察扁錾的火花均匀性，火花均匀分布在整宽范围内（图2-37b）。

3）几种不正确的火花及操作方法。

① 火花呈右侧接触（图2-38a），说明左侧部分未参与磨削，判断右侧参与磨削，左侧未磨削到。

② 火花在扁錾的中间部位（图2-38b），说明磨削只有中间部位参与磨削，判断扁錾中间部位呈凸起状。

③ 火花呈左侧接触（图2-38c），说明右侧部分未参与磨削，判断左侧参与磨削，

右侧未磨削到。

④ 火花呈右侧尖部接触（图2-38f），判断錾子的握持角度太大，需调整扁錾刀面与砂轮外圆面平行。

a) 刃磨斜面火花

b) 刃磨前刀面均匀火花

图 2-37　扁錾刃磨火花

⑤ 火花呈中间偏左部（图2-38e），判断刀面还未磨平。

⑥ 火花在砂轮外圆上呈一条线状（图2-38d），判断刀面还未磨平。

图2-39所示为扁錾刃磨后几种不正确的形状，呈现这些状态的扁錾还必须再进

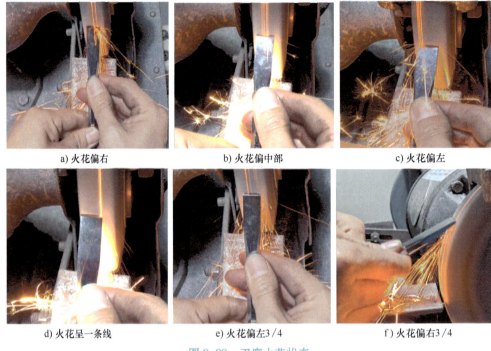

a) 火花偏右　　　　　　　　b) 火花偏中部　　　　　　　　c) 火花偏左

d) 火花呈一条线　　　　　　e) 火花偏左3/4　　　　　　　f) 火花偏右3/4

图 2-38　刃磨火花状态

a) 中部凸起　　　　　　b) 楔角不对称　　　　　　c) 刀尖不齐

图 2-39　刃磨不正确状态

行刃磨，直至刃磨到正确为止。

两种严禁的方式：严禁单手操作，如图 2-40a 所示；严禁在磨削过程中戴手套，如图 2-40b 所示。

a) 严禁单手操作

b) 严禁戴手套操作

图 2-40　扁錾刃磨严禁的操作

### ⊚ 2.5.4　錾削方法与技巧

#### 1. 平面錾削操作技巧和方法

（1）起錾及终錾方法。如图 2-41 所示，平面錾削时一般采用斜角起錾法，即开始錾削时，应从工件右尖角处轻轻起錾，錾子首先右斜 45°，然后錾顶向下倾斜约 30°，待錾刃切入 0.5 ~ 1.5mm 的厚度时，将錾顶抬起至要求的錾削后角，便可继续錾削。当錾削工件至尽头时（錾刃距工件尽头约 10mm），应调头錾去余下部分，否则工件边缘将会崩裂。

如图 2-42 所示，当錾削工件至尽头时（錾刃距工件尽头约 10mm），应调头錾去余下部分，否则工件边缘将会崩裂。

（2）錾削厚度。当确定錾削余量并划出錾削加工界线后，应分层錾削，每层錾削厚度一般为 0.5 ~ 1.5mm。

（3）錾削后角。如图 2-43 所示，錾削时，錾子后刀面与切削平面（经过切削刃上一点与切削表面相切的平面）之间的夹角称为錾削后角（用 $\alpha$ 表示）。錾削后角一般取 5° ~ 8° 为宜，錾削过程中应保持不变。

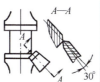

图 2-41　起錾方法

图 2-42　终錾方法

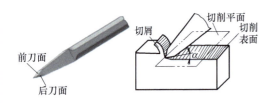

前刀面

后刀面

切屑

切削平面 切削表面

图 2-43 錾削后角

（4）錾削平面效果与平面度检查。錾削平面效果如图 2-44a 所示。平面度通过观察平面与刀口形直尺之间的缝隙进行检查，也可以用刀口形直尺配合塞尺进行检查（图 2-44b）。

a）錾削平面

b）錾削平面度检查

图 2-44 錾削平面效果与平面度检查

（5）在錾削过程中，每錾削几次后，可退回錾子稍事停顿，再将錾子刃口抵住被錾部位继续錾削，其目的是随时观察被錾削表面的平整度且有节奏地放松肌肉。

**2. 板料的錾削操作技巧和方法**

（1）在台虎钳上錾削板料厚度不超过 2mm 的薄钢板，可采用夹在台虎钳上錾断的方法。錾削时，板料按划的线装夹并与钳口平齐，用扁錾沿钳口并斜对板面（约 45°）自右向左錾切，如图 2-45a 所示。

（2）在铁砧上錾削板料 錾断厚板时，可在铁砧上錾削板料，主要有以下两种情况：

1）直线錾断。当板料外形尺寸较大且较厚，无法在台虎钳上夹持时，可在铁砧上进行錾削，其方法如图 2-45b 所示。

2）钻出密集的排孔再錾断。当板料外形尺寸较大或形状较复杂时，一般先在工件轮廓线周围钻出密集的排孔，再用扁錾或窄錾逐步錾削去除余料，如图 2-45c 所示。

▶ **2.5.5 錾削常见缺陷及防止措施**

錾削常见的缺陷及其防止措施见表 2-2。

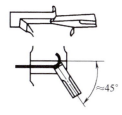

a) 板料切断的方法

b) 大尺寸板料的切断

c) 较复杂的内形余料的切断

图 2-45　薄板料的錾削方法

表 2-2　錾削常见缺陷及其防止措施

| 常见缺陷 | 原因分析 | 防止措施 |
|---|---|---|
| 錾削表面粗糙、凸凹不平 | 1）錾子刃口不锋利<br>2）錾子掌握不正，左右、上下摆动<br>3）錾削时后角变化太大<br>4）锤击力不均匀 | 1）刃磨錾子刃口<br>2）提高錾削操作技能 |
| 錾子刃口崩裂 | 1）錾子刃部淬火硬度过高<br>2）工件材料硬度过高或硬度不均匀<br>3）锤击力太猛 | 1）降低錾子刃部淬火硬度<br>2）工件退火，降低材料硬度<br>3）减小锤击力 |
| 錾子刃口卷边 | 1）錾子刃口淬火硬度偏低<br>2）錾子楔角太小<br>3）一次錾削量太大 | 1）提高錾子刃部淬火硬度<br>2）刃磨錾子，增大其楔角<br>3）减小一次錾削量 |
| 工件棱边、棱角崩缺 | 1）錾削收尾时未调头錾削<br>2）錾削过程中錾子方向掌握不稳，錾子左右摆动 | 1）錾削收尾时调头錾削<br>2）控制錾子方向，保持稳定 |
| 錾削尺寸超差 | 1）工件装夹不牢<br>2）钳口不平，有缺陷<br>3）錾子方向掌握不正、偏斜超线 | 1）将工件装夹牢固<br>2）磨平钳口<br>3）控制錾了方向 |

操作视频

锯削

# 第 **3** 章

锉削与锉配

Gen Jineng Dashi
**Xueqiangong**

# 3.1 认识锉刀

锉削加工的工具主要为锉刀。锉刀一般采用 T12 或 T12A 碳素工具钢，经过轧制、锻造、退火、磨削、剁齿和淬火等工序加工而成，经表面淬火后，其硬度可达 62～72HRC。锉刀的结构如图 3-1 所示。锉刀的手柄通常有木质手柄和塑胶手柄（图 3-2）。

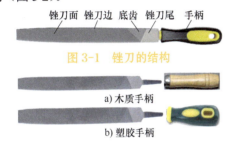

锉刀面 锉刀边 底齿 锉刀尾 手柄

**图 3-1 锉刀的结构**

a) 木质手柄

b) 塑胶手柄

**图 3-2 锉刀手柄的种类**

锉刀分钳工锉、异形锉（特种锉）和整形锉（俗称什锦锉）三类。

按其断面形状的不同，钳工锉又分扁锉（图 3-1，分尖头和齐头两种）、方锉、三角锉、半圆锉和圆锉等，如图 3-3 所示。

异形锉：异形锉可用来加工工件的特殊表面，有椭圆锉、刀形锉、双半圆锉等，如图 3-4 所示。

整形锉：整形锉可用来修整工件上的细小部位，又称什锦锉，也叫组锉，如图 3-5 所示，常以 5 把、6 把、8 把、10 把或 12 把为一组。又分为普通整形锉和硬质合金整形锉、人造金刚石整形锉。普通整形锉用于修整零件上的细小部位，工具、夹

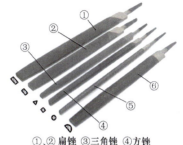

①、②扁锉 ③三角锉 ④方锉
⑤圆锉 ⑥半圆锉

**图 3-3 钳工锉**

椭圆锉 单面尖扁 单面半圆 单面圆 单面扁锉 单面双半圆 两面三角 单面光三角 圆锉 三面方形 三面方锉 双面刀形

**图 3-4 异形锉**

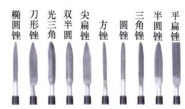

椭圆锉 刀形锉 光三角 双半圆 尖扁锉 方锉 圆锉 三角锉 半圆锉 平扁锉

**图 3-5 整形锉**

具、模具制造中锉削小而精细的工件；人造金刚石整形锉用于锉削硬度较高的金属（如硬质合金、淬硬钢），修配淬火处理后的各种模具。

## 3.2 锉刀手柄的安装与拆卸

### ▶ 3.2.1 锉刀手柄的安装

（1）左手握住手柄（图 3-6a），使手柄垂直向下。锉刀装夹时应注意其尾部和锉刀柄的回转中心要重合。

（2）右手握住锉刀，将锉刀柄部尖角处插入锉刀手柄孔中（图 3-6b）。

（3）待锉刀装入锉刀手柄内后，由上向下撞击手柄，使锉刀柄楔入手柄中（图 3-6c）。

（4）按图中箭头方向，上下反复撞击几次，使锉刀手柄安装可靠（图 3-6d）。

### ▶ 3.2.2 锉刀手柄的拆卸

在台虎钳上卸锉刀手柄时，将锉刀手柄

孔端搁在台虎钳钳口上，把锉刀手柄孔端向钳口略用力撞击，利用惯性作用便可脱开锉刀。同样，在钳台上也可这样卸锉刀柄。

（1）在台虎钳上使钳口的宽度大于锉刀的厚度，使锉刀能在钳口内移动，但右端手柄要被钳口挡住。左右手水平握住锉刀的两端，向左施加一定的力，使锉刀按如图 3-7a 所示的方向由左往右运动。

（2）右手手柄撞击钳口端面的位置（图 3-7b）。

（3）按照图 3-7c 所示的步骤，依图示箭头方向，左右来回撞击几次，手柄即可拆下。

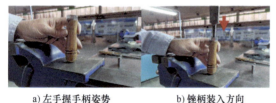

a) 左手握手柄姿势　　　　b) 锉柄装入方向

c) 整体向下姿势　　　　d) 上下反复撞击姿势

**图 3-6　锉刀手柄的安装方法**

a) 第一步　　　　　　b) 第二步

c) 第三步

**图 3-7　锉刀手柄拆卸步骤**

# 3.3 锉刀的规格及粗细

## 3.3.1 锉刀的尺寸规格

除圆锉刀以直径表示、方锉刀以方形尺寸表示外，其他锉刀都以锉身长度来表示其尺寸规格。常用锉刀长度规格有 100mm、125mm、150mm、200mm、250mm、300mm 等。异形锉和整形锉的尺寸规格是指锉刀全长。

## 3.3.2 锉刀的粗细规格

锉刀的粗细规格以锉齿的粗细表示，锉齿的粗细取决于锉齿纹的齿距。根据锉齿的粗细可将锉刀分为粗齿锉、中齿锉、细齿锉、精锉、油光锉五类，如图 3-8 所示。

各类型锉能够达到的精度和适用场合见表 3-1。

a) 粗齿锉　　b) 中齿锉　　c) 细齿锉　　d) 精锉　　e) 油光锉

图 3-8　锉刀的粗细分类

表 3-1　各类型锉能够达到的精度和适用场合

| 规格 | 锉削余量 /mm | 尺寸公差 /mm | 表面粗糙度 Ra/μm | 适用场合 |
|---|---|---|---|---|
| 粗齿锉 | 0.5 ～ 1 | 0.2 ～ 0.5 | 100 ～ 25 | 粗加工或锉削铜、铝等软金属 |
| 中齿锉 | 0.2 ～ 0.5 | 0.1 ～ 0.3 | 12.5 ～ 6.3 | 锉削钢、铸铁等 |
| 细齿锉 | 0.05 ～ 0.2 | 0.05 ～ 0.2 | 6.3 ～ 3.2 | 锉光表面或锉削硬材料 |
| 精锉 | 0.05 ～ 0.1 | 0.01 ～ 0.1 | 3.2 ～ 1.6 | |
| 油光锉 | 0.02 ～ 0.05 | 0.01 ～ 0.05 | 1.6 ～ 0.8 | 修光表面 |

# 3.4 锉削的基本操作

锉刀的握法、锉削动作姿势都直接影响零件的加工质量和效率，特别是在各类竞赛中，显得尤为重要。锉削操作主要有以下几个要点。

## 3.4.1 锉刀的握法

锉刀的握法较多，锉削不同的工件形状，选用不同的锉刀，其握法也有所不同，概括起来主要有两种形式，即锉柄握法和锉身握法。

### 1. 锉柄握法

（1）右手握手柄的正确握法

1）右手握锉刀应在手掌心部位，如图 3-9a 所示位置。

2）锉刀与掌心结合的部位，应在手柄根部，如图 3-9b 所示位置。

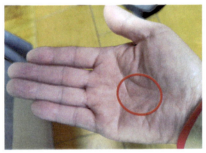

a) 掌心部位

b) 锉刀手柄部位

c) 锉刀与手掌部位

d) 握手柄姿势

图 3-9　锉刀手柄的握姿

3）让锉刀手柄的端部对着右手手心的凹处，手掌与锉刀手柄夹角成 40°～45°，如图 3-9c 所示。

4）大拇指方向朝上与锉刀面垂直，其余四指自然握住手柄，如图 3-9d 所示。

（2）右手几种错误的握法

1）如图 3-10a 所示 1 处，手指在锉刀尾部尖角处，容易在锉削过程中伤到手指。

2）如图 3-10a 所示 2 处，锉刀手柄的部位不在手心处，这样锉削手使不上劲。

3）如图 3-10b 所示，大拇指与四指悬空，不能正确地握紧手柄，仅靠手柄根部与手掌心接触，锉削使不上劲，不能正确地完成锉削，影响锉削质量和效率，同时也不安全。

（3）左手的握法

1）如图 3-11a 所示，红线圆圈处，使锉刀头部与手掌此处接触。

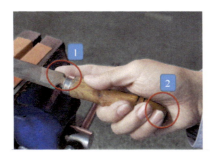

a）错误握法一

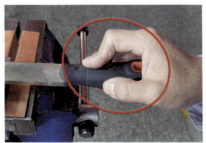

b）错误握法二

图 3-10　右手错误的握法

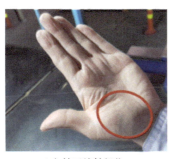

a）与锉刀接触部位

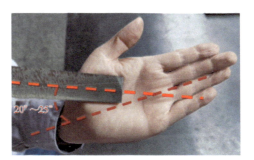

b）锉刀与手的位置关系

图 3-11　左手握法

2）锉刀头部与手掌成 20°～25°，并落在如图 3-11b 所示的位置。此握法适用于粗锉及其他锉削方法，应用广泛。

**2. 锉身握法**

以扁锉为例，锉身握法主要有以下八种。

1）前掌压锉法：左手手掌自然伸展，掌面压住锉身前部锉刀面的一种握法。左手第一种握法，如图 3-12 所示。此种握法一般用于 12in（300mm）及以上规格的锉刀进行全程锉削，同时适用于大、中、小余量的锉削。

图 3-12　前掌压锉法左手第一种握法

左手第二种握法如图 3-13 所示。左手握住锉刀头部，并呈握拳的姿势，适用于大余量的锉削。

图 3-13　前掌压锉法左手第二种握法

2）扣锉法：左手拇指压住锉刀面，食指和中指扣住锉刀端面的一种握法，如图 3-14 所示，适用于小余量的锉削握法。

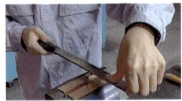

图 3-14　扣锉法

3）捏锉法：左手拇指与食指、中指相对捏住锉刀前端的一种握法，主要用于锉削曲面和小余量锉削。如图 3-15a、b 所示，分别展示了两种不同的握法。

4）中掌压锉法：是左手手掌自然伸展，掌面压住锉身中部刀面的一种握法，如图 3-16 所示。一般用于 12in（300mm）及以上规格的锉刀进行短程锉削。

5）三指压锉法：左手食指、中指和无名指压住锉身中部刀面的一种握法，如图 3-17 所示，一般用于 10in（250mm）及以下规格的锉刀进行短程锉削。

6）八字压锉法：左手拇指与食指呈八字状压住锉身刀面的一种握法，如图 3-18 所示，一般用于 10in（250mm）及以下规格的锉刀进行短程锉削。

a) 左手拇指横向握法　　　　　b) 左手拇指45°方向握法

图 3-15　握锉法

图 3-16　中掌压锉法

图 3-18　八字压锉法

图 3-17　三指压锉法

7）双指压锉法：左手食指和中指压住锉身中部刀面的一种握法，一般用于8in（200mm）及以下规格的锉刀进行短程锉削，如图3-19所示。

图 3-19　双指压锉法

8）双手横握法：左右手的拇指与其余四指的指头相对夹住锉身侧刀面的一种握法，一般用于顺向推锉削，如图 3-20 所示。

图 3-20　双手横握法

### ▶ 3.4.2　锉削的基本操作技术

#### 1. 手臂姿态

锉削时，对手臂姿态的要求是：要以锉刀纵向中心线（或轴线）为基准，右手握持锉柄时，前臂、上臂基本与锉刀纵（轴）向中心线在一个垂直平面，并与身体正面大约成 45°角，如图 3-21 所示。

图 3-21　手臂姿态

#### 2. 站立姿势

锉削时，对站立姿态的要求是（图 3-22）：两脚面向台虎钳，站在台虎钳中心线左侧，身体与钳口边线约成 45°夹角，与台虎钳的距离按大小臂垂直、端平锉刀、锉刀尖部能搭放在工件上来掌握。迈出左脚，迈出的距离（从右脚尖到左脚跟）约等于锉刀长，左脚与台虎钳中线约成 30°，右脚与台虎钳中线约成 75°。在锉削过程中，应始终保持这种姿态。

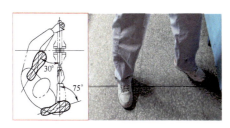

图 3-22　锉削站立位置

### 3. 锉削的动态动作

锉削操作时，可将一个锉削行程分为锉刀推进行程和锉刀回退行程两个阶段。锉削速度一般为 40 次 /min 左右，推进行程时稍慢，回退行程时稍快。

为了充分理解锉削动作中的姿态特点，将锉刀面三等分，据此将锉刀推进行程又分为前 1/3 推进行程、中 1/3 推进行程和后 1/3 推进行程三个细分阶段。各阶段的操作要点如下。

（1）准备动作：首先，站立姿势，身体正常站立，锉刀水平放置在台虎钳上，如图 3-23a 所示。然后左右脚按照站立姿态要领站好，左腿膝关节稍微弯曲，右腿绷直（右腿在整个锉削过程中始终都是处于绷直状态），身体前倾 10° 左右，身体重心分布于左右脚，右肘关节尽量后抬，锉刀前部锉刀面准备接触工件表面（图 3-23b）。

（2）前 1/3 推进行程：身体前倾 15° 左右，同时带动右臂向前进行前 1/3 推进行程。此时，左腿膝关节仍保持弯曲，身体重心开始移向左脚，左手开始对锉刀施加压力（图 3-23c）。要注意的是：锉削是在滑行中接触工件表面并开始前 1/3 推进行程的，而不是先把锉刀面放在工件表面上后再推送锉刀进行锉削。

（3）中 1/3 推进行程：身体继续前倾至18° 左右，并继续带动右臂向前进行中 1/3推进行程。此时，左腿膝关节弯曲到位，身体重心大部分移至左脚，左手施加的压力为最大（图 3-23d）。

（4）后 1/3 推进行程：当开始后 1/3锉削行程时，身体停止前倾并开始回退至15° 左右，在回退的同时，右臂继续向前进行后 1/3 推进行程。此时，左臂应尽量伸展，左手施加的压力逐渐减小，身体重心后移（图 3-23e）。

（5）回退行程：后 1/3 推进行程完成后，左右臂可稍停顿一下，然后将锉刀稍抬起一点，回退至前 1/3 推进行程开始阶段，也可贴着工件表面（左手对锉刀不施加压力）回退（图 3-23f）。至此，一个锉削行程全部完成。

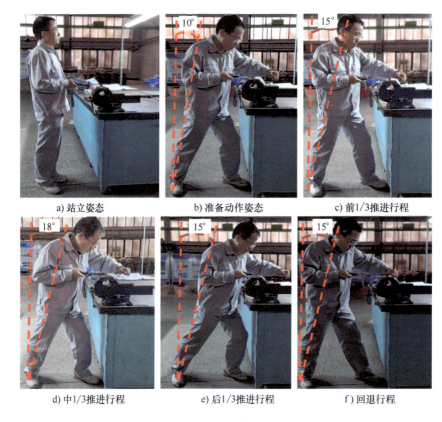

a) 站立姿态　　　b) 准备动作姿态　　　c) 前1/3推进行程

d) 中1/3推进行程　　　e) 后1/3推进行程　　　f) 回退行程

图 3-23　锉削动作姿态分解

**4. 常见形状的锉削操作技法**

（1）平面锉削的方法与技巧。

1）横向锉削法：锉刀沿着工件表面纵向 Y 方向锉削的同时，锉刀沿横向 X 移动，锉削纹路垂直于大平面，故称为横向锉削法（图 3-24）。

2）顺向锉削法：锉刀沿着工件表面长度方向锉削，可得到正且直的锉痕，整齐美观，适用于锉削小平面和最后修光工件（图 3-25）。

3）左向锉削法：锉刀与钳口成左 45°方向，按横向锉法对工件进行锉削。这种锉法先水平均匀左向锉削，然后再水平均匀由左向右锉削，适用于平面粗锉，如图 3-26 所示。

图 3-24　横向锉削法

图 3-25　顺向锉削法

图 3-26　左向锉削法

4）右向锉削法：锉刀与钳口成右 45°方向，按横向锉法对工件进行锉削。这种锉法先水平均匀右向锉削，然后再水平均匀由左向右锉削，适用于平面的粗锉，如图 3-27 所示。

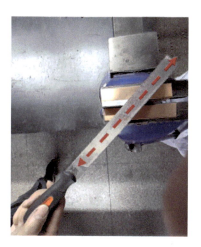

图 3-27　右向锉削法

5）交叉锉削法：锉刀以交叉的两个方向按先后顺序对工件进行锉削，由于锉痕是交叉的，操作者容易判断锉削表面的不平程度。交叉锉法锉削较快，适用于平面的粗锉。这种锉削方法，先水平均匀左向锉削，然后再水平均匀右向交叉锉削，形成交叉锉削，非常容易锉平，特别适用于技能竞赛平面的快速锉平。

6）推锉法：两手对称地握住锉刀，用两大拇指抵住锉刀进行推送，进行锉削。这种方法适用于锉削表面较窄且已经锉平、加工余量很小的工件，可用来修正工件尺寸和降低表面粗糙度值，如图 3-28 所示。

图 3-28　推锉法

7）全程锉法：锉刀在推进时，其行程的长度与刀面长度相当的一种锉法，如图 3-29 所示，锉削长度为 $L$ 范围。该方法一般用于粗锉和半精锉加工。

图 3-29　全程锉法

8）短程锉法：锉刀在推进时，其行程的长度只是刀面长度的（$1/4 \sim 1/2$）$L$，甚至更短的一种锉法，如图 3-30 所示。该方

法一般用于半精锉和精锉加工。

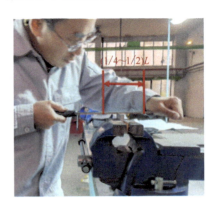

图 3-30　短程锉法

（2）平面锉刀的选择方法和技巧。一般来说，锉刀的刀面并不是很平。一般在刀面的纵长方向和横截方向都略呈不规则的凸凹状，且每把锉刀凸起面和凹陷面的分布情况都不相同。要达到快速锉平的效果，就需要在锉削之前对锉刀的纵长方向和横截方向进行对比，选出适合自己的锉刀。选择合适的锉刀在技能竞赛中对快速锉削平面，显得尤为重要，对锉削质量起着重要的作用。锉刀选择技巧适用于钳工技能竞赛前的锉刀选择。

1）目光观测法：左手握着锉刀尾部，右手握着锉刀头部，左眼闭上，用右眼查看锉刀在纵向的直线性，锉刀与视线平行，如图 3-31a 所示。观察两侧面，如图 3-31b 所示，观测锉刀的两边边线是否为直线还是呈凸凹状。

a) 目光方向

b) 目光观察两侧面

图 3-31　目光观测法选择锉刀技巧

平锉刀用目光观测法观测时，锉刀纵向顺长度方向呈现五种形状：平直形、中凹形、凹凸形、中凸形和波浪形，如图 3-32 所示。除平直形外，可选择凹凸形、中凸形和波浪形使用。

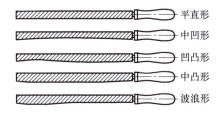

—平直形

—中凹形

—凹凸形

—中凸形

—波浪形

图 3-32　锉刀纵向形状

2）光隙观测法：光隙观测法，是将锯条无齿的一面，横放到锉刀的横面上，通过锉刀与锯条产生的透光，观测锉刀的形状。此时可能会出现五种横截面形状，波浪形、中凸形、斜凹凸形、中凹形、平直形，图 3-33 所示。选择平直形锉刀使用。

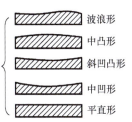

波浪形

中凸形

斜凹凸形

中凹形

平直形

图 3-33　锉刀横截面选择方法

### 3.4.3　平面和圆弧面（曲面）的锉削方法与技巧

**1. 平面锉削的方法与技巧**

1）首先是锉刀的选择：按上述锉刀的选择方法，要选择纵长方向为平直形、凹凸形、中凸形和波浪形，横向刀面为平直形的锉刀。当然，选择好锉刀后，并不是一定能锉平，要将工件锉平，是需要一定的技巧的。

技巧：平直形的锉刀，虽然纵长方向和横向都很平，但是往往由于在锉削中手臂前后运动存在一定的不平度，导致平面不容易锉平，平直形的锉刀适用于粗锉。快速锉平平面，可以选用纵长方向为中凸形、凹凸形、波浪形及横截面为平直形的锉刀。当然这3种锉刀在使用时，要选用锉刀纵长方向呈现凸起的部位，并在较短范围内进行锉削，由于锉刀移动距离较短，即锉刀的凸起部位锉削工件的凸起部位，便可以快速锉去工件的凸起部位。这种方法适用于半精锉或精锉，能快速地锉平平面。锉刀使用锉削范围，如图3-34所示。

2）快速锉平法。利用交叉锉削法，快速锉平平面。

第1步：横向锉削，由左向右依次锉削，这样锉削去余量较快（图3-35）。

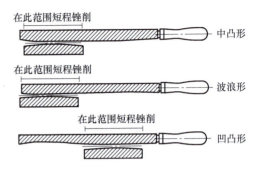

图3-34　锉刀使用锉削范围

第2步：顺向锉削，锉刀顺着工件的长方向顺向锉削（图3-36）。

第3步：左向锉削，由左向右依次锉削（图3-37）。

第4步：右向锉削，由左向右依次锉削（图3-38）。

a) 横向锉削姿势

b) 工件横向锉削纹路

图3-35　横向锉削

a) 顺向锉削姿势

b) 工件顺向锉削纹路

图3-36　顺向锉削

a) 左向锉削　　　　　　　　　　b) 工件左向锉削纹路

图 3-37　左向锉削

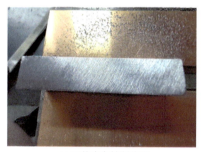

a) 右向锉削　　　　　　　　　　b) 工件右向锉削纹路

图 3-38　右向锉削

第 5 步：交叉锉削（横向、顺向、左向、右向，图 3-39c），这样很快能显现高点区域（图 3-39d），并能快速将平面锉平，但是锉削纹理显得杂乱无章，下一步就要进入精锉或细锉，将锉纹按一个方向锉削。当然，这里交叉锉削的顺向可以根据自己适宜的方式进行锉削。可以是①横向、顺向、左向、右向；②横向、顺向、右向、左向；③顺向、横向、左向、右向；④顺向、横向、右向、左向；⑤左向、右向、横向、顺向；⑥右向、左向、横向、顺向等多种交叉锉削方法。

顺向锉削和横向交替锉削，很快就能分辨出高点、低点（图 3-39a）。

第 6 步：锉削表面着色法。锉削表面可以借用外界涂色方法，以提高对锉削平面观察的效果。图 3-40a 所示是用蓝色记号笔涂色，当然也可利用粉笔、蓝色显示剂，所用涂料应不会对锉削质量产生影响。交叉锉削后的显示效果（图 3-40b）。

a) 顺向和横向交替锉削纹理

b) 顺向和横向、左向锉削纹理

c) 顺向和横向、左右向锉削纹理

高点区域

d) 交叉锉削高点显示区域

图 3-39　交叉锉削纹理

a) 锉削表面均匀涂色

b) 着色表面锉削显点

图 3-40　着色效果

第 7 步：研磨显点法。在钳工技能竞赛中，往往需要快速按要求锉平平面，为了到精锉工序能快速锉削平面以达到平面度及尺寸要求，可以采用锉削平面研磨显点法观测锉削平面的高点。将锉削平面在平板上或 V 形块上进行研磨，研磨之前可以涂上粉笔，然后进行研磨，很快就能显现锉削平面的高点，然后根据高点或亮点进行锉削，这种方面适用于精锉余量在 0.01 ～ 0.03mm 的面，如图 3-41 所示。

高点

图 3-41　研磨显点法

3）锉刀水平锉姿快速找正技巧。钳工台的高度是固定的，而每个操作者的身高是不同的，如何能快速的根据钳工台的高度找到适宜锉削高度，这里介绍一种参考技巧。

如图 3-42 所示①的状态，先将锉刀放在台虎钳的钳口上，目测使锉刀平行于钳口上表面，然后按锉削的正确姿势，确定自己的正确站姿，然后按这个姿势轻轻地锉削，而后，在保证正确姿势的情况下，前后两手紧握锉刀，水平将锉刀抬起至工

件上方②的状态，然后锉削，这样能很快就能使锉削面与大面垂直，期间一定要保证正确的锉姿，使锉刀保持水平。

图 3-42　锉刀水平找正法

4）锉刀修磨技巧和方法。在锉削燕尾、90°直角，保持尖角部位，即零件角度小于90°时均需对平面锉刀的侧边进行修磨。各种锉刀修磨后的形状，如图 3-43 所示。

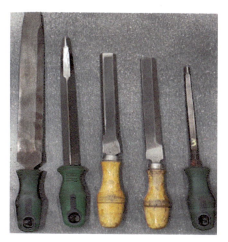

图 3-43　修磨锉刀形状

即可以对锉刀单边进行修磨，也可以对锉刀双边进行修磨，其主要目的是即适用于锉削形状的要求，同时也对工件非锉削面（已经锉削好的面）进行保护。

在修磨锉刀时，一定要注意不能使锉刀退火，否则会使锉刀丧失锉削特性，要边修磨，边用水冷却修磨面，待修磨面温度降至常温状态下，再进行修磨，直至锉刀修磨达到要求。修磨过程，还要遵守砂轮使用规程。

**2. 圆弧面（曲面）的锉削技巧**

外圆弧面锉削时，锉刀要同时完成两个运动，即锉刀的前推运动和绕圆弧面中心的转动，前推是完成锉削，转动是保证锉出圆弧形状。常用的外圆弧面锉削方法有以下两种：

（1）横锉法：使锉刀横着圆弧面锉削，此法用于粗锉外圆弧面或不能用滚锉法的情况下（图 3-44）。

（2）滚锉法：使锉刀顺着圆弧面锉削，此法用于精锉外圆弧面（图 3-45）。

锉削过程中，横锉法与滚锉法可以交替使用，精锉的时候要保证锉纹为单向，即横向或滚锉顺向的纹理。

**3. 锉削过程错误的动作和方法**

（1）工件装夹不正确。工件装夹不正确的几种形式，如图 3-46 所示。

图 3-44　圆弧面横锉法

图 3-45　圆弧面滚锉法

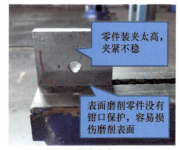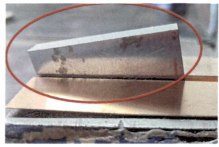

a) 装夹太高　　　　　　　　　　　　　　b) 装夹歪斜

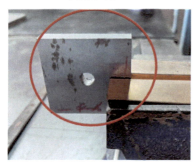

c) 外悬太长　　　　　　　　　　　　　d) 工件歪斜并可能伤手

图 3-46　不正确装夹形式

（2）锉削姿势不正确。锉削不正确的几种姿势，如图 3-47 所示，其中图 3-47a、b 所示为前高后低和前低后高，说明锉刀端姿不水平。

图 3-47c 所示的双手都戴手套，这样锉削中没有手感，严重影响锉削质量和效果。

图 3-47d 所示的右手食指放的位置不正，锉削时容易使自己受伤。

（3）锉削姿势对比。几种不正确的锉削姿势对比，右手臂姿势正确与不正确姿势对比，如图 3-48a、b 所示。

左手臂的不正确与正确姿势对比，如图 3-48c、d 所示。

### ▶ 3.4.4　锉配加工的基本方法

锉配加工的基本方法主要有以下几种：

（1）试配。锉配时，将基准件用手的力量插入并退出配合件，在配合件的配合面上留下接触痕迹，以确定修锉部位的操作称为试配（相当于刮削中的对研显点）。为了清楚显示接触痕迹，可以在配合件的配合面上涂抹红丹粉、蓝油、粉笔等显示剂。

a) 前高后低

b) 前低后高

c) 严禁戴手套

d) 食指的握法不正确

图 3-47　锉刀不正确的姿势

a) 右手臂开度太大的不正确姿势

b) 右手臂正确姿势

c) 左手臂抬起过高(约60°)

d) 左手正确高度(约30°)

图 3-48  锉削姿势对比

　　(2) 同向锉配。锉配时，将基准件的某个基准面与配合件的相同基准面置于同一个方向上进行试配、修锉和配入的操作称为同向锉配，如图 3-49 所示。

　　(3) 换向锉配。锉配时，将基准件的某个基准面进行一个径向或轴向的位置转换，再进行试配、修锉和配入的操作称为换向锉配，如图 3-50 所示。

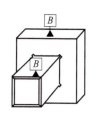 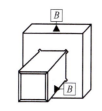

图 3-49　同向锉配　　　图 3-50　换向锉配

（4）技能竞赛中，常采用按尺寸锉削，最后再进行修配的方法，这种方法快捷高速。

### 3.4.5　测量工具的正确使用

杠杆百分表（图 3-51）的分辨率为：0.01mm，量程为 0 ～ 0.8mm。

图 3-51　杠杆百分表

杠杆百分表读数时，视线要垂直于表盘，防止偏视造成读数误差。测量时，观察指针转过的刻度数目，乘以分度值得出测量尺寸。

（1）将表固定在表座或表架上，稳定可靠。

（2）调整表的测杆轴线垂直于被测尺寸线。对于平面工件，测杆轴线应平行于被测平面；对圆柱形工件，测杆的轴线要与被测母线的相切面平行，否则会产生很大的误差。

（3）测量前调零位。比较测量用对比物（量块）作为零位基准；杠杆百分表调零位时，先使测头与基准面接触，压测头到量程的中间位置，转动刻度盘使零线与指针对齐，然后反复测量同一位置 2 ～ 3 次后检查指针是否仍与零线对齐，如不齐则重调。

（4）测量时，将工件放入测头下测量，不可把工件强行推入测头下。显著凹凸的工件不能用杠杆表测量。

（5）不要使杠杆百分表突然撞击到工件上，也不可强烈振动、敲打杠杆百分表。

（6）测量时注意表的测量范围，不要超出量程。

（7）杠杆百分表测量尺寸时，一般都是配合量块进行比较测量。图 3-52 为杠杆百分表配合高度游标卡尺或百分表架使用。

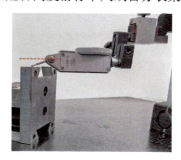

图 3-52　杠杆百分表配合高度游标卡尺或百分表架使用

（8）杠杆百分表打反表测量方法。所谓打反表即将百分表的测头向上抬起，配合量块使用。首先拼接需测量尺寸的量块，然后在最上面再拼接一个辅助量块，如图 3-53b、d 所示。

分表装在表架或游标高度卡尺上，将工件放在正弦规上，将杠杆百分表放在量块上进行对表，然后移动到工件上进行比较测量，如图 3-54 所示。

a) 反表俯视图

b) 反表侧视图

c) 游标高度卡尺装反表

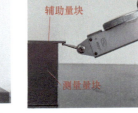

辅助量块

测量量块

d) 量块拼接法

反表测量

e) 测孔反表

反表测量

f) 反表测量

图 3-53　反表测量法

孔或燕尾槽的反表测量方法，如图 3-53e、f 所示。

（9）杠杆百分打正表方法。将杠杆百

图 3-54　打正表法

# 3.5 典型组合件的锉配及工艺解析

## 3.5.1 "T形滑块工装"组合件的锉配要求

**1. 名称:** "T形滑块工装"(六件组合体)。三维模型及二维图,如图3-55所示。

**2. 考核要求**

(1)考核内容

1)尺寸公差、几何公差、表面粗糙度值、装配关系达到图样要求。

2)图样中未注公差的尺寸公差按GB/T 1804—2000标准,公差等级IT12~IT14规定。

3)不准用砂纸或风磨机打光加工面,不允许加工指定不加工面。

4)件1(底板)、件4(支承板)的单燕尾配合间隙≤0.02mm;件1(底板)、件4(支承板)配合外侧面错位量≤0.1mm;件1(底板)、件2、(导板)、件3(T形滑块)装配后,件2(导板)与件3(T形滑块)配合面间隙≤0.04mm;装配后,T形滑块应运动自如,无阻滞现象,件3(T形滑块)要求翻转180°互换。

(2)工时定额:6h。

(3)安全文明生产

1)能正确执行安全技术操作规程。

2)能按企业有关文明生产的规定,做到工作场地整洁,工件、工具摆放整齐。

## 3.5.2 锉配加工工艺及分析

(1)确定加工方案。各工件加工与装配的工艺流程,如图3-56所示。

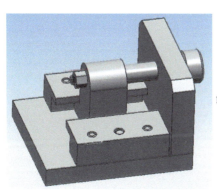
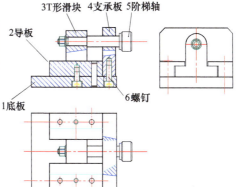

图3-55 六件组合体的三维模型和二维图

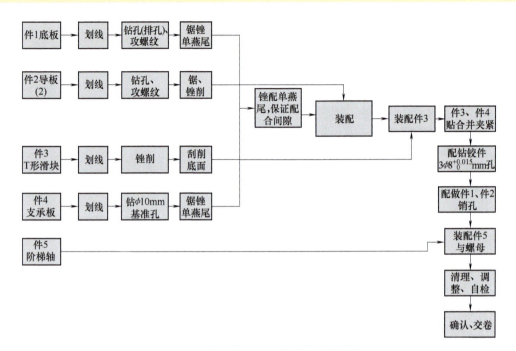

图 3-56　各零件加工与装配的工艺流程

（2）试题的技术要求：

件 1（底板）、件 4（支承板）的单燕尾配合间隙≤0.02mm；件 1（底板）、4（支承板）配合外侧面错位量≤0.1mm。

件 1（底板）、件 2（导板）、件 3（T形滑块）（图 3-57）装配后，件 2（导板）与件 3（T形滑块）配合面间隙≤0.04mm。

装配后，T形滑块应运动灵活，无阻滞现象，件 3（T形滑块）要求翻转 180°互换。各锉削表面粗糙度值为 Ra1.6μm。

（3）根据技术要求分析件 3（T形滑块）与件 5 装配后（包括将件 3 翻转 180°）

能带动 T形滑块做前后运动，且活动自如，无阻滞现象，是这套试题的关键点、难点。

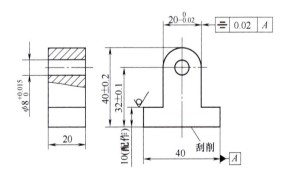

图 3-57　件 3（T形滑块）

（4）本试题为 6 件组合，由于比赛现场配备的台式钻床数量有限（2 人共用一台），为了避免选手集中钻孔的现象，所以各零件加工可以相互交替进行加工。

（5）关键工件的工艺过程及难点解析：根据试题可以确定件 3（T 形滑块）、件 4

是关键件。

（6）件 3（T 形滑块）的加工工艺及要点，见表 3-2。

（7）件 4（支承板）的加工工艺及要点解析见表 3-3，图样如图 3-59 ～ 图 3-61 所示。

表 3-2　件 3（T 形滑块）的加工工艺及要点

| 序号 | 工步名称 | 工步内容 | 测量工具 | 要点解析 |
|---|---|---|---|---|
| 1 | 检查 | 检查来料毛坯的尺寸及基准的相互垂直度，如果发现基准面及垂直度误差较大，且无法通过工艺消除基准误差带来的影响，则提出换料申请 | 游标卡尺 刀口形直尺 | 必须检查毛坯的正确性 |
| 2 | 确定基准 | 确定选用基准或迅速地锉修相互垂直的基准面 | 刀口形直尺 | 正确的基准对后续的加工非常重要 |
| 3 | 测量 | 测量件 2（见图 3-58 件 2（导板））中的尺寸 10mm 与件 3 中尺寸 10mm 的实测值并做记录；然后比较计算件 2 与件 3 的差值（即件 3 尺寸 10mm（配作）的加工余量） | 杠杆百分表 平板 量块 | 用量块进行比较测量计算，保证相贴合的面有 0.01mm 的间隙 |
| 4 | 锉削 | 1）先锉削要刮削面，留 0.01 ～ 0.015mm 的刮削量 2）以基准 A 为基准锉削保证 10（配作）尺寸两台肩等高 0.01mm | 杠杆百分表 平板 量块 | 锉削面要平 注意图中 10mm 的两台肩面是不允许加工的 |
| 5 | 刮削 | 对要求刮削面进行刮削达到 11 ～ 15 点 /15cm×15cm | | 刮削可采用手刮或搂刮 |
| 6 | 划线 | 划 $R10mm$ 线（$\phi 8^{+0.015}_{0}$ 暂不加上） | 半径样板 | 注意两面均需进行划线 |
| 7 | 检测 | 自检工件加工的正确性 检测尺寸 10mm 的等高在 0.01mm 内 | 杠杆百分表 刀口形直尺 | 为了保证装配后件 3（T 形滑块）运动灵活 |

表 3-3 件 4（支承板）的加工工艺及要点解析

| 序号 | 工步名称 | 工步内容 | 测量工具 | 要点解析 |
|---|---|---|---|---|
| 1 | 检查 | 检查来料毛坯的尺寸及基准的相互垂直度，如果发现基准面及垂直度误差较大，且无法通过工艺消除基准误差带来的影响，则提出换料申请 | 游标卡尺 刀口形直尺 | 必须检查毛坯的正确性 |
| 2 | 确定基准 | 确定选用基准或迅速地锉修相互垂直的基准面 | 刀口形直尺 | 正确的基准对后续的加工非常重要 |
| 3 | 划线 | 以相互垂直的直角面划 $\phi 10^{+0.015}_{0}$ mm 孔中心线及单燕尾线 | 平台 游标高度卡尺 | 划完线后注意用游标卡尺检查确定划线的正确性，避免由于疏忽造成的粗大误差 |
| 4 | 钻孔 | 钻、铰 $\phi 10^{+0.015}_{0}$ mm 孔达图中要求，孔口倒角 | 通止规 | 钻头、铰刀在比赛之前进行刃磨及试切合格 |
| 5 | 锉削 | 1）以 $\phi 10^{+0.015}_{0}$ mm 孔为基准，修锉（70±0.01）mm 尺寸达到对称度为 0.02mm 2）以 $\phi 10^{+0.015}_{0}$ mm（$\phi$10H7）孔为基准，修锉左侧面，保证 $42^{-0.10}_{-0.15}$ mm 尺寸 | 游标卡尺 量块 杠杆百分表 刀口形直尺 $\phi$10mm 测量销 | 利用杠杆百分表测量可以采用两种方式：1）将 $\phi$10mm 圆柱销装到 $\phi$10H7 孔内，测量时用杠杆百分表测量销的上母线 2）用杠杆百分表的测头直接测量销孔的下母线 |
| 6 | 锯削 | 依据所划线，锯削单燕尾处的直角边，如图 3-59 所示 | 目测 | 锯削控制 0.1～0.2mm 的锉削余量 |
| 7 | 锉削 | 锉削单燕尾的直角边（10±0.01）mm 及（32±0.03）mm，如图 3-60 工步 | 游标卡尺 杠杆百分表 刀口形直尺 | （10±0.01）mm 测量可以用比较测量法或杠杆百分表打反表法 |
| 8 | 锯削 | 用锯弓锯削单燕尾处的斜边 28.5mm，留锉削量 | 目测 | 锯削控制 0.1～0.2mm 的锉削余量 |
| 9 | 锉削 | 1）锉削单燕尾的直角边，保证（32±0.03）mm 2）锉削单燕尾的斜边，保证 $28.5^{0}_{-0.02}$ mm 及 60°±2′ 达图中要求；如图 3-61 工步图 | 游标卡尺量块 杠杆百分表 刀口形直尺 $\phi$10mm 测量销 | 测量 $28.5^{0}_{-0.02}$ mm 要配合 $\phi$10H7 圆柱销进行测量，同时还要测量 60°±2′ |
| 10 | 锯削、锉削 | 按线锯削 2 处 C5，然后进行锉削 | 目测 | 速度要快，因为是倒角，只要加工了即可 |
| 11 | 自检 | 重点检查（32±0.03）mm（按（32±0.01）mm 加严控制）及对称度，如图 3-59 | 杠杆百分表 刀口形直尺 | 保证装配后件 3（T 形滑块）运动灵活 |
| 12 | 划线 | 划 2×M5 螺纹孔中心线 | 游标卡尺 | 钻孔前检查划线的正确性 |
| 13 | 钻孔、攻螺纹 | 钻孔、攻 2×M5 螺纹孔 | 螺纹通止规 | 保证螺纹孔的垂直度 |

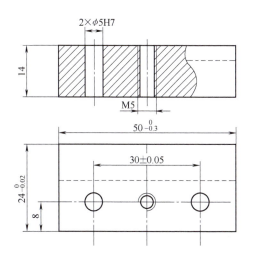
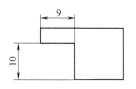

$2 \times \phi 5H7$

14

M5

$50_{-0.3}^{\ 0}$

$30 \pm 0.05$

$24_{-0.02}^{\ 0}$

8

9

10

$\phi 5$ 与件1配钻、铰

图 3-58　件 2（导板）

（8）装配过程的要点解析。

1）修配单燕尾的要点解析：修配件 1 与件 4 中的燕尾，达到燕尾各配合面的间隙 ≤ 0.02mm；保证件 1 与件 4 装配后内直角面保证 90°±1′（即垂直度要准确，这点非常重要），垂直度达不到要求将直接影响件 3 的互换性。

2）件 2（导板）与件 3 装配调整的要点解析：第一步：先将件 2（导板）（2 件）用螺栓装配并预拧紧；第二步：将件 5 装配到件 4 的 $\phi 10mm$ 孔中；第三步：将件 3（T 形滑块）与件 5 进行装配，并预拧紧螺母；第四步：调整件 2（导板），保证件 3（T 形滑块）运动灵活（包含互换后），然后拧紧件 2（导板）。并再次检查件 3 的运动灵活。同时保证检查各处的配合间隙及错位量。然后将件 3 与件 4 用平行夹夹紧牢固可靠。件 1（底板）、4（支承板）配合外侧面错位量 ≤ 0.01mm。

3）件 3 中 $\phi 8_{0}^{+0.015}$ mm 孔的配钻铰孔是关键：前序装配调整完成后，将装配合件装夹到精密平口钳上，保证件 4 中的 $\phi 10_{0}^{+0.015}$ mm 孔轴线与精密平口钳的底面垂直，然后配钻件 3（T 形滑块）中 $\phi 8_{0}^{+0.015}$ mm 孔；①先找正件 4 中 $\phi 10_{0}^{+0.015}$ mm 孔后，将 $\phi 10mm$ 的钻头装到台钻上，右手旋转台钻的手柄，将 $\phi 10mm$ 钻头对准件 4 的 $\phi 10mm$ 孔中，在不起动钻床的情况下，然后用左手逆时针盘动钻夹头，在件 3 的表面挤压出一个小圆窝，保证精密平口钳不移动的情况下，换中心钻（或小钻头），钻中心孔；②将件 3（T 形滑块）从装配件上取下来，单独装夹在精密平口钳上，找正中心孔，然后钻铰 $\phi 8_{0}^{+0.015}$ mm 孔达图中要求。并且注意：一定要使用精密平口钳。钻孔时工件与平口钳各面完全贴合，用 0.02mm 塞尺检查。

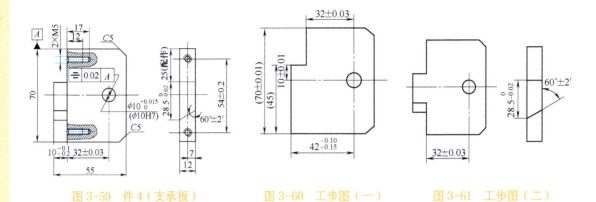

图 3-59　件 4（支承板）　　　　图 3-60　工步图（一）　　　　图 3-61　工步图（二）

# 3.6　锉削常见缺陷及防止措施

表 3-4 列出了锉削常见的缺陷及防止措施。

表 3-4　锉削常见的缺陷及防止措施

| 常见缺陷 | 产生原因 | 防止措施 |
|---|---|---|
| 工件表面夹伤或变形 | 1）台虎钳钳口未装软钳口<br>2）夹紧面积小，夹紧力大 | 1）夹持工件时应装软钳口<br>2）调整夹紧位置及夹紧力<br>3）圆形工件夹紧时应加 V 形块 |
| 工件尺寸偏小超差 | 1）划线不准确<br>2）锉削时未及时测量尺寸<br>3）锉削时忽视几何公差的影响 | 1）划线要细心，划后应检查<br>2）粗锉时应留余量，精锉时应检查尺寸<br>3）锉削时应统一协调尺寸与几何公差 |
| 表面粗糙度值超差 | 1）锉刀齿纹选择不当<br>2）锉削时未及时清理锉纹中的锉屑<br>3）粗锉、精锉余量选用不当<br>4）锉削直角时未选用修边锉刀 | 1）应依据表面粗糙度值，合理选择齿纹<br>2）锉削时应及时清理锉刀中的锉屑<br>3）精锉的余量应适当<br>4）锉削直角时，应选用修边锉刀，以免锉伤直角面 |
| 工件表面中间凸、塌角或塌边 | 1）锉削方法掌握不当<br>2）锉削用力不平衡<br>3）未及时用刀口形直尺检查平面度 | 1）依据工件加工表面选择锉削方法<br>2）用推锉法精锉表面<br>3）锉削时应经常检查平面度<br>4）应合理地选择各种锉削方法 |

第**4**章

孔加工

# 4.1 钻孔

用钻头在材料上加工出孔的操作称为钻孔。孔加工的方法主要有两类：一类是在实体工件上加工出孔，即用麻花钻、中心钻等进行的孔加工，俗称钻孔；另一类是对已有孔进行再加工，即用扩孔钻、锪孔钻和铰刀进行的孔加工，分别称为扩孔、锪孔和铰孔。

## ▶ 4.1.1 认识钻孔的设备与工具

钻孔属孔的粗加工，其加工的孔的公差等级一般为 IT13 ~ IT11，表面粗糙度值 $Ra$ 为 50 ~ 12.5μm，故只能用于加工精度要求不高的孔。

钻孔加工需要操作人员利用钻孔设备及钻孔工具进行，同时需要一定的钻孔操作技能才能较好地完成。使用的钻孔设备主要为钻床，钻孔工具主要有钻头及钻孔辅助工具。

### 1. 钻孔设备

（1）台式钻床简称台钻，是一种小型钻床，如图 4-1a 所示，一般安装在钳工台或铸铁方箱上，具有使用方便、灵活性大等特点，又由于变速部分直接用带轮传动，最低转速较高（一般为 400r/min 以上），故生产率较高，是工件加工、装配和修理工作中常用的设备。其加工孔的直径一般为 φ13mm 以下。

| a) 台式钻床 | b) 摇臂钻床 | c) 立式钻床 | d) 手电钻 |

图 4-1　钻孔设备

（2）摇臂钻床。摇臂钻床适用于加工大型、笨重和多孔的工件，它是靠移动主轴对准工件上孔的中心来钻孔的，如图 4-1b 所示。由于其主轴转速范围和进给量较大，因此加工范围广泛，既可用于钻孔、扩孔、铰孔和攻螺纹等多种孔加工，也可用于锪平面、环切大圆孔、镗孔等多种加工工作。

（3）立式钻床。立式钻床简称立钻，是一种应用广泛的孔加工设备，如图 4-1c 所示。由于可以自动进给，它的功率和机构强度允许采用较高的切削用量，因此用这种钻床可获得较高的劳动生产率，并可获得较高的加工精度。

（4）手电钻。手电钻是一种手提式电动工具，如图 4-1d 所示。在大型工件装配时，如果因受工件形状或加工部位的限制不能使用钻床钻孔，则可使用手电钻来加工。手电钻电压分为单相（220V、36V）或三相（380V）两种。

（5）其他设备。如加工中心等随着工艺的进步，很多孔加工在加工中心上完成。

**2. 钻头**

钻头是钻孔用的切削工具，常用高速钢制造，工作部分经热处理淬硬到 62～65HRC。钻孔时所用的刀具有麻花钻、扁钻、深孔钻、中心钻等，但最常用的刀具是麻花钻。

（1）麻花钻按柄部形状的不同，又可分为直柄麻花钻和锥柄麻花钻，如图 4-2a、b 所示。麻花钻由柄部、空刀及工作部分组成，根据材料不同，麻花钻又分高速钢麻花钻、镶硬质合金麻花钻、整体硬质合金麻花钻、内冷麻花钻。一般直径小于 $\phi$13mm 的钻头做成圆柱直柄，但传递的转矩比较小。

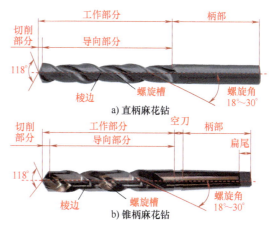

a) 直柄麻花钻

b) 锥柄麻花钻

图 4-2　麻花钻的结构

一般直径大于 $\phi$13mm 的钻头做成莫氏锥柄，传递的转矩比较大。莫氏锥柄钻头的直径与莫氏锥柄号的对应见表 4-1。

表 4-1　莫氏锥柄钻头直径与莫氏锥柄号的对应

| 莫氏锥柄号 | 1 | 2 | 3 |
|---|---|---|---|
| 钻头直径 D/mm | 6～15.5 | 15.6～23.5 | 23.6～32.5 |
| 莫氏锥柄号 | 4 | 5 | 6 |
| 钻头直径 D/mm | 32.6～49.5 | 49.6～65 | 65～80 |

（2）标准麻花钻切削部分的几何参数。标准麻花钻是按标准设计制造的未经后续修磨的钻头，在钻削时，麻花钻常根据加工工件材质、厚薄的不同，需要重新进行刃磨。标准麻花钻的各部分名称，如图 4-3 所示。

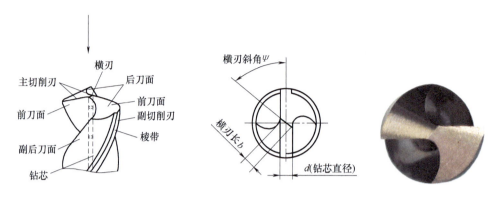

图 4-3　钻头切削部分名称

钻头各组成部分的作用见表 4-2。

表 4-2　钻头各组成部分的作用

| 钻头各部分名称 | | | 作用 | 说明 |
|---|---|---|---|---|
| 柄部 | 直柄 | | 用于钻头的夹持，以便于装夹定心和传递转矩动力 | 钻头直径 $D \leqslant 13mm$ 的钻头采用直柄 |
| | 莫氏锥柄 | | | 钻头直径 $D > 13mm$ 的钻头采用莫氏锥柄 |
| 空刀 | | | 用作钻头磨削时砂轮退刀用，并用来刻印商标和规格号 | 工作部分和柄部之间的连接部分，通常直柄钻头的颈部与柄部重合 |
| 工作部分 | 导向部分（切削部分的备磨部分） | 钻芯 | 使钻头保持足够的强度及刚度 | 钻头直径越小，其钻芯直径越大 |
| | | 刃背 | 形成切削刃 | |
| | | 螺旋槽 | 形成切削刃，排除钻屑，输送切削液 | |
| | | 棱带 | 保持钻削方向的正直，减小摩擦，修光孔壁 | 直径由切削部分向空刀逐渐减小，一般此倒锥量为（0.05～0.1mm）/100mm |
| | 切削部分（六面五刃） | 前刀面 | 切屑沿着这个表面流出 | 麻花钻螺旋槽内表面称为前刀面 |
| | | 后刀面 | 影响着切削部分的强度及与切削表面之间的摩擦 | 切削部分顶端两曲面称为后刀面 |
| | | 主切削刃 | 起主要切削作用 | 前刀面与后刀面的相交线 |
| | | 横刃 | 钻孔时起初步定心的作用，同时使钻削的进给力显著增大而消耗能源 | 两后刀面的交线称为横刃 |
| | | 副后刀面 | 棱带的附着表面 | 导向部分上与已加工表面（孔壁）相对的两螺旋外表面为副后刀面 |
| | | 副切削刃 | 起修光孔壁的作用 | 棱带与前刀面的交线（螺旋线）是副切削刃，也称为棱刃 |

**3. 钻孔辅助工具**

钻孔加工除必需的钻孔设备、钻头外，有时还需一些钻孔辅助工具，如分度头、千斤顶、方箱、压板等。此外，还常用到以下辅助工具：

（1）机用平口钳。在平整的工件上钻孔一般采用机用平口钳（图4-4）夹持。机用平口钳分为一般机用平口钳和机用精密平口钳两种。机用精密平口钳四面都可作为基准，因此生产中采用它作为精密件的钻孔定位基准。在技能竞赛中都必须使用机用精密平口钳。

图4-4 机用平口钳

（2）V形块。V形块是由两个定位平面并形成夹角 $\alpha$ 的一种定位件，如图4-5所示，常配合压板共同使用。V形块的标准夹角 $\alpha$ 有 60°、90°和120°三种。

图4-5 V形块

## 4.1.2 钻头的刃磨方法与修磨技巧

麻花钻是机械加工中使用最广泛的钻孔工具。麻花钻在使用前通常需要通过刃磨，将麻花钻的切削部分磨成所需要的几何参数（故称为修磨），以使钻头具有良好的钻削性能。

**1. 钻头的刃磨方法**

钻头变钝后，或根据不同的钻削要求而需要改变钻头顶角或改变切削部分的形状时，经常需要刃磨。钻头刃磨正确与否，对钻削质量、生产率及钻头的寿命有显著的影响。手工刃磨钻头是在砂轮机上进行的。砂轮的特性对刃磨质量和效率有影响，砂轮磨粒过细、过硬或过软，都会影响刃磨效果。因此，钳工用的砂轮磨粒一般使用粒度为 F46 ～ F80 的较为适宜，过细不仅不能提高刃磨速度，反而会使钻头热量过高而退火，缩短钻头的使用寿命。

（1）刃磨前的准备。钻头的刃磨要在砂轮机上进行，如图4-6所示。使用时必须遵守砂轮的使用及安全操作规程。

（2）砂轮的选择。刃磨高速钢钻头一般采用粒度为 F46 ～ F80、硬度等级为中软级（K、L）的氧化铝砂轮（又称刚玉砂轮），如图4-7所示；刃磨硬质合金钻头一般采用粒度为 F36 ～ F60、硬度等级为中软级（K、L）的碳化硅砂轮，如图4-8所示。

图 4-6　砂轮机

图 4-7　氧化铝砂轮

图 4-8　碳化硅砂轮

（3）麻花钻的刃磨技巧和方法。麻花钻顶角的理论角度为118°。根据经验，钻削未淬火结构钢适合的顶角为116°～118°；淬火钢为118°～125°；合金钢（高锰钢、铬镍钢等）为135°～150°；硬铸铁为118°～135°

1）双手握钻头的手势。刃磨时操作者应站在砂轮左侧，用右手握住钻头的工作部分，食指要尽可能靠近切削部分以作为钻头摆动的支点，且其余几个手指要搁放在砂轮搁架上起支承和稳定作用。同时，要将主切削刃与砂轮中间平面放置在一个水平面内，并让钻头的轴线与砂轮圆柱面母线在水平面内的夹角等于钻头顶角 $\phi$ 的一半，被刃磨部分的主切削刃处于水平位置，如图4-9所示。

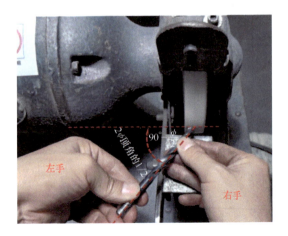

图 4-9　双手握钻头的手势

2）刃磨动作技巧。将主切削刃在略高于砂轮水平中心平面处先接触砂轮，如图4-10所示。刃磨时，右手握住钻头的切削部分并绕自身轴线转动，以磨出整个后刀面；左手握钻柄做上下的摆动，以磨出不同大小的后角；当磨好一个主切削刃后，再翻转180°磨另一个主切削刃。

图4-10　钻头刃磨动作

因为钻头直径不同，钻头的后角要求也有所不同，所以摆动的角度大小要随后角的大小而变化。

操作技巧与手法：刃磨时，右手缓慢地使钻头绕自己的轴线由下向上转动，同时施加适当的刃磨压力，这样可使整个后刀面都磨到。左手配合右手做缓慢的同步下压运动，刃磨压力逐渐加大，这样就可以磨出后角，其下压的速度及其幅度随要求的后角大小而变。为保证钻头近中心处磨出较大后角，还应做适当的右移运动。刃磨时两手动作的配合要协调、自然。按此动作不断反复，两后刀面轮换刃磨，直至达到刃磨要求，如图4-11所示。

在钻头的整个刃磨过程中，刃磨压力不宜过大，并要经常蘸水或冷却液进行冷却，防止钻头因过热退火而降低硬度，冷却液区域定置管理，如图4-12所示。

图4-11　刃磨钻头的压力控制

图4-12　冷却液定置

3）修磨横刃的方法。横刃过长不仅使钻头钻削时定心不准，同时使钻削阻力增加，因此，需要将横刃适当地修短。

修磨横刃的操作方法是：

① 将钻头接近砂轮右侧并摆好钻身角度，钻尾相对水平面下倾20°左右，如图4-13a所示，同时相对砂轮侧面外倾10°左右，如图4-13b所示。

a) 修磨横刃钻身的角度

b) 修磨横刃钻尾的角度

c) 修磨后横刃的图片

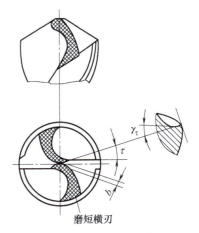

d) 横刃修磨后的形状

图4-13　修磨横刃的操作

② 手持钻头从主后刀面和螺旋槽的外缘接触砂轮右侧外圆柱面，由外缘向钻芯移动，并逐渐磨至横刃，此时用力要由大逐渐减小，以防止钻芯和横刃处退火。

③ 先一边刃磨 1～2 次，然后将钻头沿轴线旋转 180°，在另一边刃磨 1～2 次，直至符合要求，保证刃磨后两边对称。

④ 通过修磨横刃可减小钻芯处的负前角，改善钻芯处的切削条件，使切削顺利。修磨后横刃的长度为原来的 1/5～1/3。修磨后形成内刃，内刃斜角为 20°～30°；$\gamma_\tau$ 为 0°～-15°，如图 4-13c、d 所示。

修磨横刃时对砂轮的要求是：①砂轮的直径要小一些；②砂轮的外圆柱面要平整；③砂轮外圆棱角要分明。

（4）刃磨检验。在刃磨过程中，要经常检查两主切削刃的顶角是否对称、两主切削刃的长度是否等长，直至符合要求。可以采用目测检测法，检测两主切削刃的对称性，如图 4-14 所示。目测时，要将钻头竖起，立在眼前，两眼平视，观察刃口一次后，应将钻头轴线旋转 180° 再观察，并反复观察几次，以减小视差的影响。

钻头的几何角度及两主切削刃的对称性等要求，需要利用检验样板进行检验。样板测量法，如图 4-15 所示。

刃磨时，钻头顶角 $2\phi$ 的具体数值可根据钻削材料的不同，按表 4-3 选择。

图 4-14　目测检测

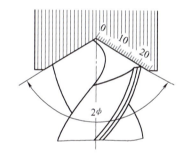

图 4-15　用样板检查刃磨角度

表 4-3　根据不同材料选取的钻头顶角数值

| 工件材料 | $2\phi/(°)$ |
|---|---|
| 钢、铸铁、硬青铜 | 116～120 |
| 不锈钢、高强度钢、耐热合金 | 125～150 |
| 黄铜、软青铜 | 130 |
| 铝合金、巴氏合金 | 140 |
| 纯铜 | 125 |
| 锌合金、镁合金 | 90～100 |
| 硬材料、硬塑料、胶木 | 50～90 |

（5）修磨前刀面。由于主切削刃前角外大（30°）内小（-30°），故当加工较硬材料时，可将靠外缘处的前面磨去一部分，如图4-16a所示，使外缘处前角减小，以提高该部分的强度，进而延长刀具寿命。当加工软材料（塑性大）时，可将靠近钻芯处的前角磨大而外缘处磨小（图4-16b），这样可使切削轻快、顺利。当加工黄铜、青铜等材料时，前角太大会出现"扎刀"现象，为避免"扎刀"，也可采用将钻头外缘处前角磨小的修磨方法，如图4-16a所示。

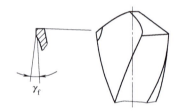

a) 修磨外缘处前面

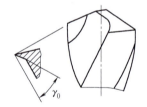

b) 修磨近钻芯处前面

图 4-16　修磨前刀面

钻头前刀面的修磨可在砂轮左侧进行。用于修磨的砂轮要求其外圆柱表面平整、外圆棱角分明。操作的具体方法是：①将钻头接近砂轮左侧并摆好钻身角度，钻尾相对砂轮侧面左倾35°左右（图4-17a），

同时相对砂轮外圆柱面下倾5°左右（图4-17b）；②手持钻头，使前刀面中部和外缘接触砂轮左侧外圆柱面，由前刀面外缘向钻芯移动，并逐渐磨至主切削刃，此时用力要由大逐渐减小，以防止钻芯和主切削刃处退火；③每磨一两次后就转过180°刃磨另一边，直至符合要求。对于高速钢钻头，每磨一两次后就要及时将钻头放入水中进行冷却，防止退火。要注意的是，前角不要磨得过大，在修磨前角和前刀面的同时，也会对横刃进行一定的修磨。

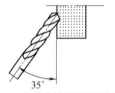

a) 修磨前刀面的钻身角度

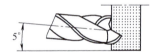

b) 修磨前刀面的钻尾角度

图 4-17　修磨前刀面的操作

（6）修磨过渡刃。如图4-18所示。在钻尖主切削刃与副切削刃相连接的转角处，磨出宽度为B的过渡刃（$B=0.2d_0$，$d_0$为钻头直径）。过渡刃的顶角$2p=70°\sim75°$。由于减小了外刃顶角，使进给力减小，刀尖角增大，故强化了刀尖。由于主切削刃分成两段，切屑宽度（单段切削刃）变小，故可减轻切屑堵塞现象。对于大直径的钻头，有时还需修磨双重过渡刃（三重顶角）。

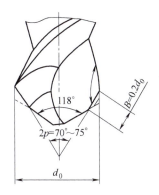

图 4-18 修磨过渡刃

### 2. 薄板钻头（三尖两刃）的刃磨技巧和方法

在薄板工件上钻孔，不能用普通麻花钻，因为麻花钻的钻尖较高。开始钻孔时，由于工件刚性差，容易变形和振动，使工件向下弯曲。而当钻尖钻穿工件时，进给力突然减小，工件迅速回弹，使切削刃突然切入过多而产生扎刀或钻头折断，非常不安全。同时钻尖钻出工件后，钻头失去定心作用，振动突然增大，使钻出的孔不圆或孔口有很大的毛边。针对上述情况，必须对麻花钻进行改良修磨，即将钻头磨成三尖两刃。

三尖两刃刃磨步骤。第一步，三尖两刃麻花钻通常是用标准麻花钻进行刃磨。首先，磨去顶角，按图 4-19b 所示的方式磨平顶角（图 4-19c），磨削过程中要不断地对钻头进行蘸水冷却，防止因过热退火而降低钻头硬度。

第二步，磨圆弧形切削刃（又称月牙槽）。

a) 麻花钻      b) 磨去顶角

c) 磨去顶角效果图

图 4-19 磨平顶角

首先将钻头主切削刃置于水平位置，钻头轴线与砂轮侧面夹角为 55°，如图 4-20a 所示，钻尾向下与水平面的夹角为 $\alpha_{fR}$（以形成圆弧后角），如图 4-20b 所示。使钻头靠上砂轮圆角，磨削点位置大致与砂轮中心等高。如果砂轮圆角小，钻头必须在水平面内做些摆动，以得到所需要的 $R$ 值。

刃磨时，钻头不允许在垂直面内上下摆动或绕自身轴线转动。否则，横刃会变成 S 形，横刃斜角变小，而且圆弧形状也不易对称；外直刃要基本放平，以保证圆弧刃两侧后角为正值及适当的横刃斜角；为使钻头尖及两侧圆弧对称，钻头翻转 180° 刃磨另一圆弧形切削刃时，应使其空间位置不变。

要做到这一点，需掌握以下操作技巧：第一，握持钻头做定位支点的那只手，应将手腕或手指靠在一静止物（如挡板）上，并保持其位置和姿势固定不变（即寻找固定的支点）；第二，手握持钻头的位置应不变；第三，人站的位置和操作姿势应不变。刃磨后可通过目测或用钢直尺、半径样板等量具来测量各部形状及尺寸是否正确。

薄板钻刃磨参数，如图 4-20c 所示。刃磨完成后的三尖两刃，如图 4-20d 所示。

a) 纵向夹角

b) 水平夹角

c) 薄板钻参数

d) 三尖关系

图 4-20　三尖两刃刃磨

### 3. 钻头几种不正确的刃磨方法

几种不正确的刃磨操作法，单手操作，戴手套操作，如图 4-21 所示，两主切削刃不对称，钻头握法后高前低（右手虽然右小拇指做支点，但主切削刃比砂轮水平线高出太多，且小拇指支撑力度不够，刃磨极不安全）。这几种情况刃磨均存在极大的安全风险，极为不安全，所以这几种情况

要禁止。

a) 单手操作

b) 戴手套操作

c) 严重不对称

d) 握法不正确

图 4-21　不正确的操作

### 4.1.3　钻孔的操作步骤与要点

钻孔时，工件固定不动，钻头要同时完成两个运动：①切削运动（主体运动），即钻头绕轴心所做的旋转运动，也就是钻头切下切屑的运动；②进给运动（辅助运动），即钻头对着工件所做的前进直线运动，如图 4-22 所示。

图 4-22　钻孔运动分析

## 1. 钻孔的操作步骤

钻孔的操作一般可按以下步骤进行:

1)划线准备。首先,分析试件加工工艺,熟悉图样中需钻孔的内容,如图4-23所示,初步确定工件装夹及钻孔方案,然后选用合适的夹具、量具、钻头和切削液,主轴转速和进给量。

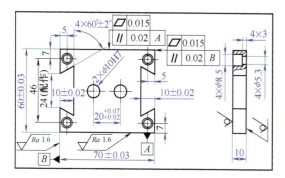

图 4-23 图样分析

2)划线。划出孔加工线(必要时可划出找正线、检查线),如图4-24所示,并加大圆心处的样冲眼,便于钻尖定心。

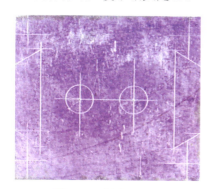

图 4-24 划出加工线

3)装夹。装夹并找正工件,用0.02mm塞尺配合刀口形直角尺在精密平口钳上检查工件夹紧是否可靠,如图4-25所示。

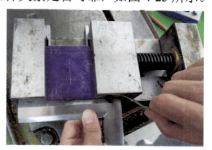

图 4-25 塞尺检测

4)起钻。钻孔时,先用钻尖对准圆心处的样冲眼钻出一个$\phi$3mm深1~2mm的小孔(图4-26中,用$\phi$3mm麻花钻钻小孔);再如图4-27所示,用中心钻钻中心孔,并钻出护锥。目测检查浅坑的圆周与加工线的同心度,若无偏移,则可继续下钻;若发生偏移则可通过移动工作台和钻床主轴(使用摇臂钻)来进行调整,直到找正为止。当钻至钻头直径与加工线重合时,起钻阶段结束。

图 4-26 钻$\phi$3mm深1~2mm小孔

图 4-27　中心钻钻中心孔

5）中途钻削。起钻完成后即进入中途深度钻削，可采用手动进给或机动进给钻削，如图 4-28 所示。

图 4-28　钻孔

6）收钻。当钻头将钻至要求深度或将要钻穿通孔时，要减小进给量，特别是在孔将要钻通时，此时若是机动进给的，一定要换成手动进给操作，这是因为当钻芯刚穿过工件时，轴向阻力突然减小，由于钻床进给机构的间隙和弹性变形的突然恢复，将使钻头以很大的进给量自动切入，容易造成钻头折断、工件移位甚至提起工件等现象。用手动进给操作时，由于已注意减小了进给量，使轴向阻力较小，就可避免发生此类现象。

7）排孔实例。燕尾部分加工，工件需通过划线去除燕尾部分，图样和划线工件如图 4-29 所示。

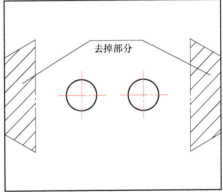

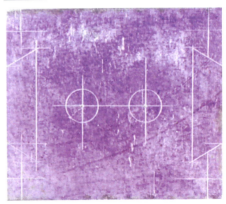

图 4-29　图样及划线工件

去除燕尾多余部分的材料有 2 种加工方法：

第 1 种方法：钻排孔 + 锯削 + 分离。这种方法锉削余量较大。

燕尾底部，用 $\phi$3mm 钻头钻排孔，如图 4-30 所示，两侧直接进行锯削，如图 4-31 所示，然后用扁錾錾削分离多余的材料，如图 4-32 所示，最后再进行锉削。

图 4-31　锯燕尾斜边

图 4-32　分离多余的材料

第 2 种方法：钻孔 + 锯削。这种方法锯削的工作量较大，最后，锉削余量就小一些。

第一步，在燕尾部分钻一个孔，孔的大小根据燕尾尺寸自定，如图 4-33a 所示；第二步，锯削燕尾的斜边及孔的边缘，如图 4-33b、c 所示；第三步，在燕尾的根部用锯条锯去多余的部分，如图 4-33d 所示；第四步，粗锉第三步锯削的面，如图 4-33e 所示；

图 4-30　钻排孔

第五步，锯削燕尾底部及另一个斜边，如图 4-33f 所示。

a) 钻孔

b) 锯燕尾斜边

c) 锯孔边缘

d) 去除材料

e) 粗锉

f) 按线锯削

图 4-33　燕尾材料去除步骤

## 2. 钻孔操作要点

钻孔操作过程中，应注意以下操作要点：

（1）划线。钻孔前，必须按孔的位置和尺寸要求划出孔位的十字中心线，并打上中心样冲眼（位置要准，样冲眼直径要尽量小），按照孔的直径要求划出孔的加工线。对于直径比较大的或孔的位置尺寸要求比较高的孔，还应该划出一至多条直径大小不等且小于加工线的找正线或一个直径大于加工线的检查线，然后在十字中心线与三线（找正线、加工线、检查线）的交点上打上样冲眼，如图 4-34 所示。当钻孔直径大于 15mm 时，样冲眼点数应适当增加。

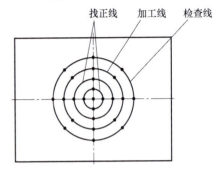

图 4-34　十字中心线与三线

（2）工件装夹。钻孔操作时，要根据工件的不同形状和钻孔直径的大小等采用不同的装夹定位和夹紧方法，以保证钻孔的质量和安全。常用的装夹方法如下：

1）用精密机平口钳装夹平整的工件（图 4-35）。装夹时，工件底部应垫上等高垫铁，找正工件表面使其与钻头轴线垂直。钻通孔时，等高垫铁应空出钻孔部位或垫上木垫，以免钻到钳身。

图 4-35　精密机用平口钳装夹工件

2）用 V 形块装夹圆柱形的工件。装夹时应保证钻头轴线与工件轴线重合。

3）用压板装夹较大的工件。对形体较大的工件且钻孔直径在 φ10mm 以上时，可采用压板装夹的方法进行钻孔。

4）用手虎钳夹持较小的工件。对形体较小的工件且钻孔直径在 6mm 以下时，可采用手虎钳夹持的方法进行钻孔。

5）用自定心卡盘装夹圆柱形的工件。在对圆柱形工件的端面进行钻孔时，可采用自定心卡盘装夹工件，这样装夹的定位精度比较高。

（3）钻头夹持。当钻头柄部是直柄时，可先将与钻床主轴锥孔莫氏锥度号数相同的钻夹头装进主轴体内，再将钻头装在钻夹头内。钻夹头的锥柄可直接装在钻床主轴锥孔内。钻夹头用来装夹直径在 φ13mm 以下的直柄钻头，钻夹头结构如图 4-36 所示。

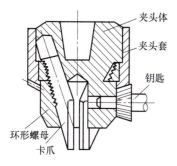

图 4-36　钻夹头

夹持钻头时，左手拿住钻头，先将钻头柄塞入钻夹头的三个卡爪内，其夹持长度不能小于 15mm，如图 4-37 所示；然后用右手握住钻夹头专用钥匙旋转（顺时针为夹紧，逆时针为松开）夹头套，使环形螺母带动三个卡爪沿斜面移动，使三个卡爪同时合拢，达到夹紧钻头的目的。

图 4-37　钻头装夹

当钻头柄部是锥柄时，如果钻头锥柄莫氏锥度号数与钻床主轴锥孔莫氏锥度号数相同，则可直接将钻头锥柄装入钻床主轴锥孔内，如图 4-38 所示。如果钻头的锥柄莫氏锥体号数较小不能直接装到钻床主轴上时，钻头上需装一个过渡锥套，使外锥体与钻床主轴孔内锥体一致且内锥孔与钻头锥柄一致。锥套内外表面都是锥体，称为钻套。

图 4-38　锥柄钻头装配关系

生产过程中，为提高钻孔效率，往往还使用自动退卸钻头装置，其结构如图4-39所示。在拆卸钻头时，不需要用斜铁插入主轴的半圆弧孔内敲打，只要将主轴向上轻轻提起，使装置的外套上端面碰到装在钻床主轴箱上的垫圈，这时装置中的横销就会将钻头推出。

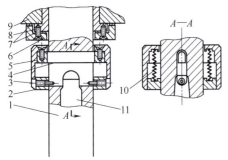

图4-39　自动退卸钻头装置

1—主轴　2—挡圈　3—螺钉销　4—横销
5—外套　6—垫圈　7—硬橡胶垫　8—导向套
9—主轴箱　10—弹簧　11—钻头

对于同一工件上多规格的钻孔，往往需用不同的刀具（如钻头、扩孔钻、锪钻、铰刀等）经过几次更换和装夹才能完成。在这种情况下，可采用快换钻夹头来实现不停机装换钻头，以减少更换刀具的时间。快换钻夹头结构如图4-40所示。

更换刀具时，只要将滑套向上提起，钢珠受离心力的作用而贴于滑套端部的大孔表面，使可换套筒不再受钢珠的卡阻。此时另一手就可将装有刀具的可换套筒取出，然后再把另一个装有刀具的可换套筒装

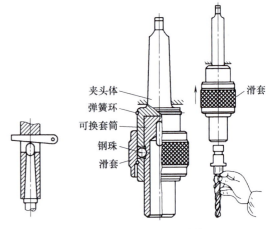

图4-40　快换钻夹头结构

上。放下滑套，两粒钢珠重新卡入可换套筒凹坑内，于是更换上的刀具便跟着插入主轴锥孔内的夹头体一起转动。弹簧环可限制滑套的上下位置。

（4）钻削用量的选择。钻削用量是指钻头在钻削过程中的切削速度、进给量和背吃刀量的总称。

1）切削速度（$v$）。切削速度是指钻削时钻头切削刃上最大直径处的线速度。它可由下式计算

$$v = \frac{\pi D n}{1000}$$

式中，$D$ 为钻头直径（mm）；$n$ 为主轴转速（r/ min）。

2）进给量$f$。进给量是指钻削时主轴每转一周，钻头对工件沿主轴轴线的相对移动量，单位是 mm/r。

（5）转速与进给量的一般选择方法。

对钻孔表面粗糙度来说，通常情况下切削速度比进给量的影响要大一些；而对于钻孔效率来讲，进给量比切削速度的影响要大些。通常情况下，进给量比切削速度的影响大一些。钻孔时的切削速度及进给量应根据工件材料的硬度、强度、加工孔径的大小、孔深和加工孔的表面粗糙度值等诸多因素来考虑。一般情况下：钻削软材料，如软钢（低碳钢居多）、有色金属等，切削速度可适当高些，进给量也可适当大些；钻削硬材质（如高碳钢、铸铁）时，切削速度应适当低些，进给量也应适当小些；钻削小直径孔时，切削速度应高些，进给量应小些；钻削大直径孔时，切削速度应小些，进给量应大些；深孔钻削时，切削速度和进给量都应选小值。具体选择时可参看有关切削手册。

### 3. 台式钻床转速的调整

转速调整时，先松开台式钻床上面的防护罩螺钉，然后取下防护罩，根据主轴每分钟转速表（一般在台式钻床的标牌上都给出转速表，如图4-41a所示），调整台式钻床的转速。调整台式钻床的V带时，调整过程借用螺钉旋具，如图4-41c、d所示，借用螺钉旋具撬起V带，使V带顺时针方向转动，V带松开后，再调整电动机端的V带。

a) 主轴每分钟转速表

b) 台式钻床

c) V带调整(一)

d) V带调整(二)

图 4-41　台式钻床主轴转速调整

#### 4. 钻孔的操作方法

钻孔操作过程中，为了保证钻孔的质量，在不同形状的工件上钻削大小不同的圆孔时，应有针对性地采用不同的钻削操作方法。

（1）对准中心孔的找正技巧。钻孔前要将钻头对准已经打好的样冲眼的中心。钻尖对准的操作技巧是：开动钻床前，在不起动台式钻床的情况落下钻头，先将钻尖落入样冲眼内，逆时针手动旋转钻头，使钻头与样冲眼相互摩擦产生亮点，观察钻头是否对中，然后将钻头提起，再一次将钻头落下，若钻尖又准确落入样冲眼中，说明钻尖对准钻孔中心了（要在垂直的两个方向上观察），如图 4-42 所示；若钻尖未落入样冲眼中，说明对中有误差，应轻微挪动工件位置后再次重复落钻过程，直到将钻尖落入样冲眼中心为止。

手动逆时针转动

手动下落

图 4-42　钻头对准中心

（2）试钻。钻头与样冲中心对正后，应先试钻一浅坑，如图 4-43a 所示，浅坑直径约为实际孔径的 1/3；若钻出的锥坑与所划的钻孔圆周线不同心或与方框线周边不等距，如图 4-43b、c 所示，说明孔位已偏，此时可移动工件或移动钻床主轴（摇臂钻床钻孔时）予以借正。

a) 中心试钻

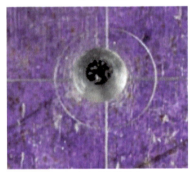

b) 中心孔偏的状态

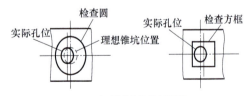

检查圆　实际孔位　检查方框
实际孔位　理想锥坑位置

c) 起钻时孔位偏斜情况

图 4-43　中心孔试钻

借正的要点是：钻头以极小的进给量下落，同时将工件向偏位的同方向缓慢推移，逐步借正。还应指出的是，如果试钻锥坑外圆已经达到要求孔径大小，而孔位仍偏斜，再校正就困难了。

（3）手动进给操作。当试钻达到钻孔的位置要求后，即可继续钻孔，如图4-44所示。手动进给时，进给用力不应使钻头产生弯曲现象，以免使钻孔轴线歪斜；钻小直径孔或深孔时，进给力要小，并要经常退钻排屑，以免切屑阻塞而扭断钻头，在钻深达直径的3倍时，一定要退钻排屑；孔将要钻透时，进给力必须减小，以防进给量突然过大，增大切削抗力，造成钻头折断，或使工件随着钻头转动造成事故。

图4-44　手动进给钻孔

**5. 几种典型孔的钻削方法**

（1）在斜面上钻孔的方法与技巧。普通钻头按常规的方法在斜面上钻孔时，由于孔的中心与钻孔端面不垂直，钻头在开始接触工件时，先是单面受力，作用在钻头切削刃上的背向力会把钻头推向一边，因此容易出现：①钻头偏斜、滑移，钻不进工件；②钻孔中心容易偏离，钻出的孔很难达到要求；③孔口易被刮烂，破坏孔端面的平整；④钻头容易崩刃或折断。

为了在斜面上钻出合格的孔，有两种方法。

① 铣削平面法：可采用立铣刀在斜面上铣削出一个小平面，然后用中心钻或小直径钻头在小平面上钻出一个浅坑，最后用钻头钻出所需的孔，如图4-45所示。

图4-45　铣削出沉孔平面图

② 旋转工件预钻法：首先，根据划线在需钻孔的位置打样冲眼，可以打得深一点，然后在样冲眼的位置，用中心钻或小直径钻头钻出一个浅坑，最后用钻头钻出所需的孔，如图4-46所示。

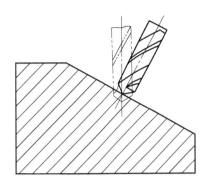

图 4-46　旋转工件预钻孔

具体钻孔步骤：①打样冲眼（图4-47a）；②预钻浅坑（图4-47b）；③继续旋转零件装夹位置，钻浅坑；④工件旋转至正确钻孔位置并找正（图4-47c）；⑤在钻出的浅坑中进行正常的钻孔（图4-47d）。

（2）薄板件钻孔的方法与技巧。薄板件钻孔不能用普通的麻花钻钻头，普通麻花钻头在薄板件上钻孔容易产生扎刀现象，使钻头折断或带起工件，非常不安全。

薄板件钻孔时，要使用薄板钻头即三尖两刃钻头，过程同样是先划线，打样冲眼，然后按样冲眼进行钻孔，钻孔进给力量要适当，特别是快钻通的时候力量要小，如图4-48所示。

a) 打样冲眼

b) 预钻浅坑

c) 旋转找正

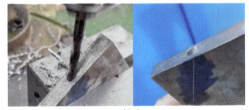

d) 钻孔

图 4-47　旋转工件钻孔步骤

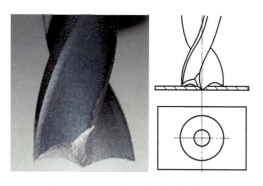

图4-48　薄板钻可钻出规则的内孔

（3）钻骑缝孔。为防止组合件相对位置的位移，往往采用销或螺钉作止退或紧定，如图4-49所示。这样就需要在两组合件间进行钻孔，即俗称的钻骑缝孔。钻骑缝孔时，钻头往往会偏向一侧工件，尤其是当两工件材质不一样时，钻头就很容易地偏向材料较软的工件一侧，结果造成软材质工件上拥有大半孔圆，而硬材质工件上拥有小半孔圆。因此，为防止或减少孔的偏斜，可同时采取以下措施。

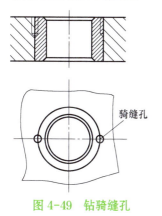

图4-49　钻骑缝孔

措施一：钻孔前打定心样冲眼时，样冲眼应打得略偏向硬材质一边。

措施二：在所钻孔深度不大的情况下，可尽量采用短钻头钻孔，或缩短钻头在钻夹头上伸出部分的长度，只要比孔深略长即可，从而增加了钻头的刚度，减小了在钻削过程中钻头的弯曲量。

措施三：将钻头的横刃磨短至0.5mm以下，从而减小钻芯横刃部分的轴向抗力，使之在起钻时不但容易定准钻芯，而且由于钻头锋利，可减少偏斜现象。

（4）平面钻孔孔距的几种保证方法

1）量块移位钻孔法。钻孔孔距要求：孔1与孔2的中心距为$A\pm0.05$mm，如图4-50所示。使用台式钻床及精密平口钳（先对精密平口钳进行自测，如图4-51所示）进行钻孔。

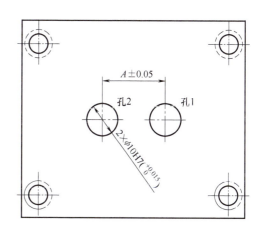

图4-50　钻孔孔距要求

图 4-51　自检测精密平口钳的精度

钻孔工艺步骤：

① 在精密平口钳上装夹工件技巧与步骤：

第一步：将工件放到精密平口钳的钳口内，并用等高垫垫铁上，如图 4-52a 所示。

第二步：手动旋转扳手给精密平口钳一个夹紧力，用铜棒轻敲工件，如图 4-52b 所示，使工件与精密平口钳、等高垫铁贴紧。

第三步：检查工件与精密平口钳的贴合是否紧密，检查方法：先在预夹紧工件的状态下，用手轻轻移动或晃动垫铁，要求垫铁不能被移动或晃动，如图 4-52c 所示；再用 0.02mm 的塞尺检查工件与等高垫铁的间隙，以不能被塞入为准，如果 0.02mm 塞尺可塞入，则重新装夹工件。

第四步：借助刀口形直尺检查工件侧面与精密台平口钳侧面的共面情况，如

图 4-52d 所示，要求 0.02mm 的塞尺不进，即为工件在精密台平口钳上侧面定位准确。

第五步：将小钻头（$\phi3 \sim \phi4mm$）或中心钻装在台式钻床的钻夹头上，在不起动台式钻床的情况下，将钻头下降接近工件，移动精密平口钳，将样冲眼移动到钻头的下方找正中心，如图 4-52e 所示。

第六步：按照划线，从纵向和横向两个不同的方向，目测观察样冲眼与钻头是否对中，如图 4-52f 所示。

第七步：通过上述步骤检查，若还是不对中，则用铜棒轻敲精密平口钳使其对中，如图 4-52g 所示。在找正完成后用压板压紧精密平口钳，在钻孔前再做一次检查，然后进行钻孔操作。

② 第一个孔——孔 1 的加工（图 4-53）。

先用 $\phi3mm$ 钻头加工出小孔，如图 4-53a 所示，用游标卡尺测量孔距尺寸，如果存在偏差则轻敲移动精密平口钳的位置进行修正。然后在保证 $\phi3mm$ 孔位置不动的情况下，更换钻孔所需的钻头，在不起动台式钻床的情况下，手动下降将钻头降到已经钻孔位，然后手动握钻夹头逆时针转动 $2 \sim 3$ 圈，再起动台式钻床进行钻孔，如图 4-53b 所示，保持位置相对不动进行铰孔，如图 4-53c 所示。

找正完成后，用压板将精密平口钳固定在台式钻床的工作台上。

a) 工件放在等高垫铁上

b) 轻敲工件

c) 检查垫铁是否松动

d) 用塞尺检查有无间隙

e) 找正中心

f) 目测观察

g) 轻敲找正

图 4-52　装夹步骤

a) 钻 $\phi$3mm孔          b) 逆时针转动          c) 铰孔

图4-53  孔1的加工

③ 第二个孔——孔2的加工（图4-54）。

孔1加工完成后，松开精密平口钳取下工件，清理精密平口钳、等高垫铁。必须保证精密平口钳相对孔1加工的位置不能变化。然后进行第二个孔（孔2）的加工。

第一步：根据A尺寸拼量块（注意量块是量具，不能被夹在平口钳中使用），左端用刀口形直尺靠在精密平口钳的左侧，量块垫在等高垫铁上并靠紧刀口直尺的刃口处，右手向左推工件，使刀口形直尺、量块、工件都靠紧，然后手动夹紧精密平口钳，如图4-54a所示。

第二步：用塞尺检查工件是否贴紧，用0.02mm塞尺检查量块与刀口形直尺刃口面、工件及等高垫铁的间隙均小于0.02mm，如图4-54b、c、d所示，检查过程中可以使用铜棒轻敲轻微调整。

第三步：按照孔1的钻孔方法，直接进行钻孔、铰孔，如图4-54e所示。

2）模拟钻模钻孔法。

① 图4-55底板（件1）、图4-56 V形块（件2）中孔距公差为 ±0.02mm，工件要求的孔距精度高，对于这个公差在台式钻床上直接钻孔基本达不到公差要求。这里介绍一种模拟钻模钻孔法。

即先加工孔1与孔3，然后将底板（件1）与V形块（件2）装到一起，使孔1与孔4同心，孔3与孔2同心（孔4、孔2暂未加工），如图4-57所示。借用孔1、孔3，翻转装配体加工孔2、孔4，相当于模拟钻模（孔1、孔3）进行钻孔。

图4-58所示为两工件组合体，定位销装配的效果图，销孔 $2\times\phi$10H7 的要求距离 $A\pm0.02$mm。根据件1与件2孔距的要求，制订工艺路线：a. 先加工底板（件1）中孔1，保证 $C\pm0.01$mm、$D\pm0.01$mm 尺寸（划线按 $C+0.1$mm、$D+0.1$mm 钻铰孔后，再通过

a) A尺寸拼量块

b) 用塞尺检查

c) 检查工件与等高垫铁的间隙

d) 轻敲工件

e) 钻中心孔

图 4-54 孔 2 的加工

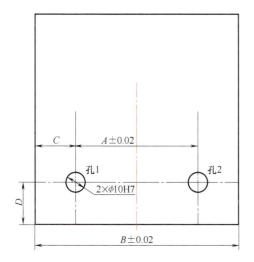

图 4-55 底板（件 1）

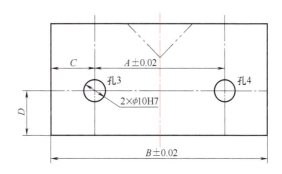

图 4-56 V 形块（件 2）

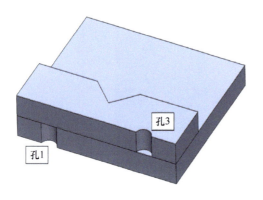

图 4-57　装配后孔位关系图

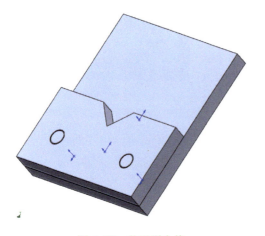

图 4-58　装配组合体

锉削达到 $C\pm0.01$mm、$D\pm0.01$mm 的要求），孔 2 暂时不加工；b. 同理，再加工 V 形块（件 2）中的孔 3，孔 4 暂时不加工。c. 分别加工件 1 与件 2 的 $B\pm0.02$mm；d. 利用平行夹或 C 形夹将件 1 与件 2 装配到一起，并找正边缘对齐；e. 利用已经加工的孔 1 与件 3 做钻模，然后钻铰孔 2 与孔 4；g. 孔口倒

角去刺。

② 先加工孔 1 与孔 3，然后锉削 $C\pm0.01$mm、$D\pm0.01$mm（说明：公差加严控制）。

第一步：划线。划孔 1，孔 3 的中心线，如图 4-59、图 4-60 所示，中心线到两直角边的距离留 0.1mm 的锉削余量，即 $C+0.1$mm，$D+0.1$mm 进行划线。然后进行钻铰 $\phi10$H7 孔，工件装夹要保证各结合面贴紧可靠，然后用 0.02mm 塞尺进行检查。

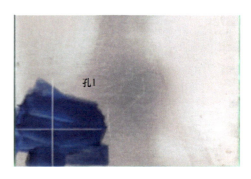

图 4-59　孔 1 中心线

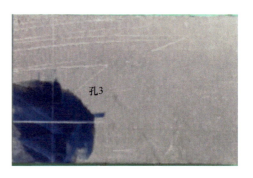

图 4-60　孔 3 中心线

第二步：依孔1为基准，通过锉削两直角面，控制 $C\pm0.01$mm，$D\pm0.01$mm，如图 4-61a 所示。锉削过程中要控制两直角面的垂直度为0.01mm。测量采用在孔中装定位销，通过测量定位销的上母线到平板的距离进行控制达到 $\pm0.01$mm，测量上母线的尺寸 = [($D$+5)$\pm0.01$] mm。定位销的两面都要进行测量，且杠杆百分表的测头要靠近孔的边缘 2～3mm，如图 4-61c 所示。同理，加工孔3。然后分别加底板（件1）与 V 形块（件2）$B\pm0.02$ 达到要求。

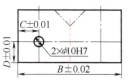

a) $C$、$D$ 控制尺寸

b) 锉削示意图

c) 孔距测量

图 4-61　销孔（孔1．3）加工

第三步，装配找正。将底板（件1）与 V 形块（件2）装配一起，根据已经加工的孔1、孔3，使孔1与孔3错位装配，如图 4-57 所示，即孔1与孔4(暂未加工)同心，孔2（暂未加工）与孔3同心。装配好后用 C 形夹轻夹，如图 4-62 所示，再用杠杆百分表找正件1与件2的等高度为0.01mm，如图 4-63 所示，同理找正好各面后，夹紧 C 形夹，然后再用杠杆百分表进行自检。

图 4-62　C形夹装配

图 4-63　等高测量

第四步，钻铰孔。底板（件1）与 V 形块（件2）装配后，在精密平口钳上装夹。首先加工孔4（孔4与孔1同心，装夹时孔1向上），先装上直径为 $\phi$10mm 的钻头，在不起动台式钻床的情况下，将钻头落入孔1中，然后用左手逆时针旋转钻夹头，使钻头在孔1中能轻松旋转，再上下移动钻头若无卡顿的情况，如图 4-64 所示，则孔 4 与孔 1 的中心对准，然后起动台式钻床，用直径为 $\phi10mm$ 的钻头钻浅窝，如图 4-65 所示。保证台式钻床与精密平口钳的位置不动，换中心钻（或 $\phi3mm$ 左右的小钻头）钻孔，再钻 $\phi6mm$ 孔，扩孔到铰孔前的底孔，如图 4-66 所示，最后铰孔，加工完成孔 4。松开精密平口钳，翻转装配体，按照前述操作的方法完成孔 2 的加工。如图 4-67 所示（铰孔有两种方式：①可以在台式钻床上进行铰孔，但不要破坏已经铰孔的孔壁；②可以等件 1 的孔 2 钻完后，单独进行手动铰孔）。钻孔完成后进行自检（用带表或数显游标卡尺进行测量），如图 4-68 所示。

图 4-66　钻孔

图 4-67　钻铰孔

图 4-64　用手逆时针旋转钻夹头

图 4-65　钻浅窝

图 4-68　孔距测量

3）孔位锉削修正法。这种方法适用于距离公差为 ±0.05mm 的孔及底孔可以进行锉削修正的板料。这种方法稍耗时，需对孔距进行反复测量，反复锉削。

如图 4-69 所示，孔径为 $\phi$10H7 相对于直角边缘公差为 ±0.05mm，划线后，先钻直径为 $\phi$6mm 的孔，测量 D 尺寸实际为 D+0.1mm，中心距超差 0.05mm。

图 4-70　修锉圆孔

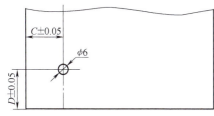

图 4-71　孔边距测量

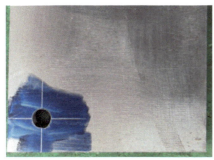

图 4-69　孔距公差要求

为了保证孔中心到直角边的距离，采用孔位锉削方法修正孔距（图 4-70）。用带表或数显游标卡尺测量 C、D 的实际尺寸（图 4-71），根据实际偏差，用圆锉刀（可塞入孔内，直径 2mm 左右或整形锉刀）进行修锉，将孔锉削成腰形孔，然后再用游标卡尺进行测量，直至孔位被修正。然后再用直径稍大的钻头（钻头直径的选用可以保证修锉过的孔能得到完整的圆孔即可）进行钻孔。按同样的方法检测修正孔位置，直至正确为止，最后完成 $\phi$10H7 钻孔、铰孔来保证公差为 ±0.05mm 的孔距。此法同时适用于两孔中心距为 A±0.05mm 孔的加工，如图 4-50 所示。

### 6. 钻孔常见缺陷及防止措施

钻孔缺陷产生的原因是多方面的。

表 4-4 列出了钻孔时可能出现的质量问题及其产生原因。

表 4-4　钻孔时可能出现的质量问题及其产生原因

| 出现的问题 | 产　生　原　因 |
| --- | --- |
| 孔大于规定尺寸 | 1）钻头中心偏，角度不对称<br>2）机床主轴跳动，钻头弯曲 |
| 孔壁粗糙 | 1）钻头不锋利，角度不对称<br>2）后角太大<br>3）进给量太大<br>4）切削液选择不当或切削液供给不足 |
| 孔偏移 | 1）工件划线不正确<br>2）工件安装不当或夹紧不牢固<br>3）钻头横刃太长，找正不准，定心不良<br>4）开始钻孔时，孔钻偏但没有校正 |
| 孔歪斜 | 1）钻头与工件表面不垂直，钻床主轴与台面不垂直<br>2）横刃太长，进给力过大造成钻头变形<br>3）钻头弯曲<br>4）进给量过大，致使小直径钻头弯曲<br>5）工件内部组织不均匀，有砂眼（气孔） |
| 孔呈多棱状 | 1）钻头细而且长<br>2）刃磨不对称<br>3）后角太大<br>4）工件太薄 |

# 4.2　扩孔

用扩孔钻或麻花钻等刀具对工件已有孔进行扩大加工的操作称为扩孔。扩孔常作为孔的半精加工及铰孔前的预加工。它属于孔的半精加工，一般尺寸公差等级可达 IT10，表面粗糙度值 $Ra$ 可达 6.3μm。

扩孔使用的麻花钻与钻孔所用麻花钻的几何参数相同，但由于扩孔加工避免了麻花钻横刃的不良影响，因此可适当提高切削用量，但与扩孔钻相比，其加工效率仍较低。

扩孔的操作可按以下步骤进行：

（1）扩孔前准备。主要包括熟悉加工图样，选用合适的夹具、量具和刀具等。

（2）根据所选用的刀具类型选择主轴转速。

（3）装夹并找正工件。为了保证扩孔时钻头轴线与底孔轴线相重合，可用钻底孔的钻头找正。一般情况下，在钻完底孔后就可直接更换钻头进行扩孔。

（4）扩孔。按扩孔要求进行扩孔操作，注意控制扩孔深度。

（5）卸下工件并清理钻床。

# 4.3 铰孔

铰孔是用铰刀对已经粗加工过的孔进行精加工的操作。钻孔获得的尺寸精度、几何精度及表面粗糙度，一般满足不了装配时精确定位（如销定位）及某些小尺寸内外圆柱表面精确配合的要求，故常常需要采用铰孔加工，以提高孔的精度要求，满足配合需要。铰孔一般加工公差等级可达 IT7 ～ IT9，表面粗糙度值 $Ra$ 为 0.8 ～ 3.2μm。几种铰刀铰孔如图 4-72 所示。

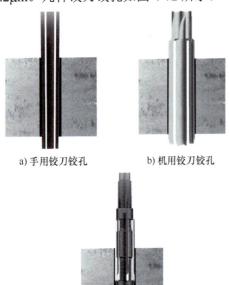

a) 手用铰刀铰孔          b) 机用铰刀铰孔

c) 可调铰刀铰孔

图 4-72　铰刀铰孔的示意图

## 4.3.1　铰刀

### 1. 普通手用铰刀

普通手用铰刀是生产中应用最为普遍的铰刀，如图 4-73 所示。其特点主要是：①只有一段倒锥校准部分，而没有圆柱校准部分；②手用铰刀切削部分一般较长；③顶角小，一般 $\phi = 30' ～ 1°30'$，这样定心作用好，进给力小，工作省力；④手用铰刀的齿数在圆周上分布不均匀。

图 4-73　普通手用铰刀

普通手用铰刀适用于如下的情况：

（1）铰孔的直径较小，公差等级和表面粗糙度要求不高。

（2）工件材料硬度不高，批量很少。

（3）工件较大，受设备条件限制，不能在机床上进行铰孔。

### 2. 普通整体式机用铰刀

生产中应用最为普遍的普通整体式机用铰刀如图 4-74 所示，其特点主要是：①工作部分最前端倒角较大，一般为 45°，目的是容易放入孔中，保护切削刃；②切削刃紧接倒角；③机用铰刀分圆柱校准和倒锥校准两段；④机用铰刀一般切削部分较短。

图 4-74　普通整体式机用铰刀

机用铰刀适用于如下的情况：

（1）铰孔的直径较大。

（2）要铰的孔同基准面或其他孔的垂直度、平行度或角度等技术条件要求较高。

（3）铰孔的批量较大。

（4）工件材料硬度较高。

### 3. 可调节式铰刀

这种铰刀在刀体上开有六条均匀的斜底直槽，具有同样斜度的刀条嵌在槽里，利用前后螺母压紧刀条的两端，调节两端螺母可使刀条沿斜槽移动，即能改变铰刀直径，如图 4-75 所示。因此，可调节式铰刀能适应加工不同孔径的需要。另外，刀片可卸下更换，修磨方便。可调节式铰刀的尺寸控制是用外径千分尺测量铰刀校准部分两对称刀条的最大处。使用时一般先以孔尺寸的下极限偏差进行试铰，如果不符合孔精度要求，则可调节两端螺母，对

图 4-75　可调节式铰刀

刀条进行调整。可调节式铰刀适用于生产中铰削非标准的通孔，其铰孔直径范围为 $\phi6 \sim \phi54\text{mm}$。

### 4. 螺旋齿铰刀

螺旋齿铰刀的特点主要是：①切削平稳，铰出的孔光滑无刀痕；②可铰有键槽的孔。

普通螺旋齿铰刀如图 4-76 所示。它适用于铰削韧性较高的材料，或铰削用普通直齿铰刀切削不平稳且会产生纵向刀痕，以及有键槽的孔。

图 4-76　普通螺旋齿铰刀

### 5. 锥铰刀

锥铰刀用以铰削圆锥孔，如图 4-77 所示。常用的锥铰刀主要有以下四种：

图 4-77　锥铰刀

（1）1：10 锥铰刀，主要用于加工联轴器上与柱销配合的锥孔。

（2）莫氏锥铰刀，主要用于加工 0～6 号莫氏锥孔（其锥度近似于 1：20）。

（3）1：30 锥铰刀，主要用于加工套式刀具上的锥孔。

（4）1：50 锥铰刀，主要用于加工锥形定位销孔。

锥铰刀的切削刃是全部参加切削的，故铰孔时比较费力。其中 1：10 锥铰刀

及莫氏锥铰刀一般一套均由三把铰刀组成（一把是精铰刀，其余是粗铰刀）。

### 4.3.2 铰孔方法和技巧

#### 1. 铰孔余量的选择

铰孔余量是指孔加工后的最终尺寸与钻孔直径的差值，如用普通高速钢铰刀精加工 $\phi16$mm 孔，可首先选用 $\phi15.7$mm 的钻头进行钻孔加工，即留出 0.3mm 的铰削余量进行孔的铰削加工，从而获得所需精度的孔。铰削余量的选择如图 4-78 所示。

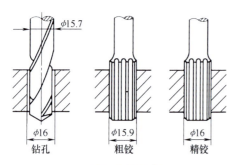

图 4-78　铰削余量的选择

具体选择方法如下：

选择铰削余量应考虑铰孔的精度、表面粗糙度、孔径的大小、材料的软硬和铰刀的类型等因素。一般用一把铰刀一次将孔铰成，若孔径在 $\phi20$mm 以下时，铰孔余量约为 0.1 ~ 0.3mm；如果采用粗、精两次铰孔时，孔径在 $\phi5$ ~ $\phi80$mm 的孔，粗铰余量约为 0.2 ~ 0.8mm，精铰余量约为

0.05 ~ 0.15mm。用普通标准高速钢铰刀铰孔时，铰削余量见表 4-5。

表 4-5　铰削余量

| 铰孔直径 /mm | ≤ 5 | 5 ~ 20 | 21 ~ 32 |
|---|---|---|---|
| 铰削余量 /mm | 0.1 ~ 0.2 | 0.2 ~ 0.3 | 0.3 |
| 铰孔直径 /mm | 33 ~ 50 | | 51 ~ 70 |
| 铰削余量 /mm | 0.5 | | 0.8 |

#### 2. 铰削用量的选择

在此所指的铰削用量主要是指机动铰削时所选择的切削用量。铰削速度应比钻孔速度小得多，但进给量可适当增大。用高速钢铰刀铰削铸铁工件时，铰削速度 $v=6$ ~ $8$m/min，进给量 $f=0.5$ ~ $0.8$mm/r。

铰削钢件时，铰削速度 $v=4$ ~ $8$m/min，加工同样直径的孔，铰削钢件时的进给量应小于铸铁；铰削铜件及铝件时，$v=8$ ~ $12$m/min，进给量 $f=1$ ~ $1.2$mm/r。

### 4.3.3 铰孔时的冷却润滑

铰孔时，对钢件一般选用 10% ~ 20%（指质量分数，下同）的乳化液，要求较低表面粗糙度值时，可采用 30% 菜油加 70% 乳化液的混合物。但当铰削铸铁工件时，一般不用润滑液，以防孔径缩小。

### 4.3.4 铰削操作的方法

#### 1. 手动铰削操作注意事项

（1）工件夹正。用直角尺从前后和左

右两个方向找正铰刀中心位置，要求铰刀中心与工件上孔中心重合，若偏斜，不但会造成孔的圆度及圆柱度超差，而且铰削费力，同时加剧了铰刀的磨损，如图 4-79 所示。

图 4-80　铰削施力示意

图 4-79　开始铰削时铰刀的找正

图 4-81　铰刀扳转位置

（2）开始铰削时，两手向下用力要平衡，铰刀不得摇摆，以避免出现喇叭口。

（3）随着铰刀的均匀旋转，两手均衡地轻轻对铰刀施加进给力，并使铰刀缓慢地向孔内引伸进给，如图 4-80 所示。

（4）在铰削过程中，当铰刀被卡住时，不能猛力扳动铰杠，以防铰刀折断。此时应将铰刀取出清除切屑，再涂油后，缓慢引入孔中。

（5）如图 4-81 所示，铰削过程中一定要注意变换铰刀每次停歇的位置，以消除铰刀常在同一处停歇所造成的振痕。

（6）如图 4-82 所示，铰削终了时，铰刀不能伸出孔过长，否则不但会将孔口拉毛，同时孔径也可能被扩大。

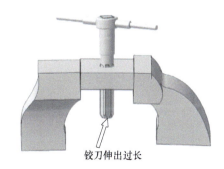

铰刀伸出过长

图 4-82　铰削终了时铰刀位置

（7）铰刀进给或退出都不能反转，因为通常铰刀前角接近零，铰刀反转后会破坏切削刃。

**2. 机动铰削操作注意事项**

（1）应选择主轴回转精度较高的钻床。由于高精度钻床主轴中心与钻床工作台之间的位置精度较高以及主轴跳动量较小，故有利于提高铰孔精度。

（2）机铰在未进刀前可手动操作，先使铰刀轴线对正内孔轴线，用一只手轻轻落刀，当铰刀倒角部分接触孔缘时，用另一只手转动钻夹头，如图4-83所示。

（3）机铰时，先手动进给2～3mm之后，再切换至机动进给。

（4）铰削时应即时加注润滑液。

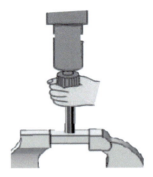

图4-83 机铰落刀示意图

（5）铰削中，应适当提起铰刀，清除其上切屑。注意再次落刀时，主轴应处于旋转状态。

（6）铰孔完成后，应不停机将铰刀退出，其他注意事项如上节手动铰削操作注意事项。

# 4.4 孔加工过程的错误操作

钻孔、扩孔、铰孔过程中容易出现的错误现象，如图4-84所示，加工中应注意避免。

a) 钻头装夹错误

b) 不能使用手去清理切屑

c) 不能用嘴吹切屑

图4-84 几种错误的操作

# 4.5 气球上垫复印纸钻孔的绝技绝活

## 4.5.1 气球上垫复印纸钻孔的技术要求

（1）使用设备：台式钻床 Z512B，如图 4-85a 所示。

（2）使用道具：普通气球，普通 A4 复印纸，如图 4-85b、c 所示。

（3）使用工具：普通麻花钻头 $\phi$10mm，如图 4-85d 所示。

a) 台式钻床

b) 气球

c) A4复印纸

d) 麻花钻头

**图 4-85　钻孔工具**

（4）要求：将 A4 复印纸放在灌满水（或充满空气）的气球上并紧贴气球，在 A4 复印纸（可以 1 ～ 4 张）上进行钻孔的操作（钻削孔径为 $\phi$10mm），要求 A4 复印纸钻出完整的 $\phi$10mm 孔，气球不能被钻破，钻削过程中 A4 复印纸始终紧贴气球。

## 4.5.2 钻头的刃磨技巧

（1）首先按三尖两刃钻头的磨削方法，磨出三尖，然后将中间的钻尖修磨得低于其他两尖 0.5mm 左右，如图 4-86a 所示。

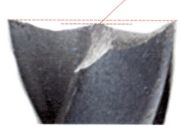
中间的尖低于其他两尖0.5mm

a) 磨成三尖两刃

b) 两尖修磨

**图 4-86　钻头的刃磨准备**

（2）修磨两钻尖，保持两钻尖的锋利，将两钻尖修磨成如图4-86b所示。其切削原理：模拟小刀划纸的原理，在钻削过程中才不会由于钻尖过于尖锐，在切入复印纸就出现扎刀等现象。

### 4.5.3　复印纸钻孔技巧

（1）先调整台式钻床主轴转速，调整到480r/min，然后按技术要求，将气球灌满水放到台式钻床工作台上，使用已经刃磨好的钻头；起动台式钻床，先观察钻头稳定性，确认无问题后；将4张A4复印纸放到气球上，用左手轻抚复印纸，右手旋转台式钻床的手柄，使钻头下降，待快接触复印纸的瞬间，右手稍做停顿，然后再次缓慢搬动手柄，可以使右手旋转手柄约2mm左右下降，动作一定要轻要慢，缓缓下降，直至4张复印纸被钻通，气球不破，如图4-87所示。

图4-87　气球上垫白纸钻孔过程

（2）检查复印纸上钻出的孔的圆度尺寸及质量，如图4-88所示。

图4-88　钻孔质量

### 4.5.4　技能考核要点

气球上钻A4复印纸技能考核的重点是：①麻花钻头的刃磨技巧及方法，对于不同的钻孔材料，要采取不同的方法应对；②台式钻床使用技巧和方法，转速的调整，钻孔的手感及进给力的控制；③钻孔的质量；④气球上钻A4复印纸是钳工综合技能的体现，考察操作者思考问题和解决问题的方法与技巧。

操作视频

钻孔

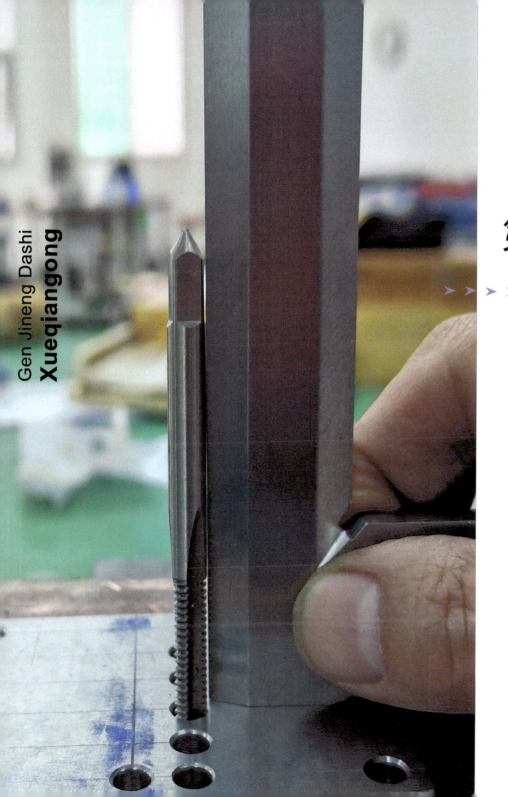

第**5**章

攻螺纹与套螺纹

# 5.1 攻螺纹

用丝锥在孔中切削出内螺纹的切削过程称为攻螺纹。攻螺纹是应用最广泛、效率最高的螺纹加工方法，随着数控加工的普及，内螺纹也可以采用螺纹梳刀铣削得到。

螺纹的种类很多，按螺纹牙型、大径、螺距是否符合国家标准可分为标准螺纹（螺纹牙型、大径、螺距均符合国家标准）、特殊螺纹（牙型符合国家标准，而大径或螺距不符合国家标准）以及非标准螺纹（牙型不符合国家标准，如矩形螺纹、平面螺纹等）。标准螺纹又分为三角形、梯形和锯齿形三种。其中，三角形螺纹又分为普通螺纹（粗牙、细牙两种）、管螺纹等。

## 5.1.1 认识螺纹旋向

按螺旋线的旋向可分为右旋螺纹和左旋螺纹两种。图5-1所示为左旋螺纹与右旋螺纹。通常右旋螺纹用得较为普遍。

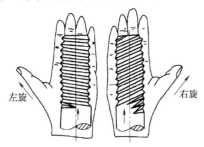

图 5-1 左旋螺纹与右旋螺纹

## 5.1.2 认识攻螺纹常用工具

### 1. 丝锥

丝锥是用来切削内螺纹的刀具，一般采用合金工具钢或高速钢制作并经淬火处理。按加工螺纹种类的不同，丝锥可分为普通三角形螺纹丝锥、55°非密封管螺纹丝锥和55°或60°密封管螺纹丝锥；按加工方法的不同，丝锥可分为手用丝锥和机用丝锥。

（1）丝锥的结构。丝锥由工作部分和柄部组成，如图5-2所示。丝锥的工作部分又分为切削部分和校准部分。

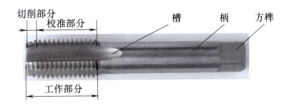

图 5-2 丝锥结构

（2）手用丝锥。手用丝锥是用手工操作切削螺纹的刀具，常用于加工单件、小批量工件或修配工作，其柄部为方头圆柄。为了合理地分配切削负荷，提高丝锥的使用寿命和螺纹的质量，手用丝锥通常由二支或三支（这几支丝锥分别称为头锥、二锥和底锥）组成一套，依次分担加工螺纹的切削工作。通常 M6 ～ M24 规格的丝锥每组有两支；M6 以下及 M24 以上的丝锥每组有三支，细牙丝锥每组有两支。头锥（图 5-3）的切削部分长一些，长度 =（8 ～ 12）$P$（$P$ 为螺距），二锥（图 5-4）的切削长度 =5$P$。

（3）机用丝锥。机用丝锥（图 5-5）用于在机床上加工内螺纹，分为粗牙和细牙两种。机用丝锥的切削部分较短，一般在加工不通孔时切削部分 =（2 ～ 3）$P$，加工通孔时切削部分 =（4 ～ 6）$P$。

图 5-3　头锥

图 5-4　二锥

图 5-5　机用丝锥

## 2. 铰杠

铰杠是手动攻螺纹时使用的一种辅助工具。使用时，铰杠装夹着丝锥柄部的方榫，并带动丝锥做旋转切削运动。铰杠有普通铰杠和丁字形铰杠两类。

（1）普通铰杠。普通铰杠（图 5-6）。有固定式铰杠和可调式铰杠两种。一般攻制 M5 以下的螺纹采用固定式铰杠，而可调式铰杠的方孔尺寸可以调节，因而应用广泛。常用的可调式铰杠的柄长有 150 ～ 600mm 几种规格。

图 5-6　普通铰杠

（2）丁字形铰杠（图 5-7）。丁字形铰杠分为固定式丁字形铰杠和可调式丁字形铰杠两种。固定式丁字形铰杠适用于大尺寸的丝锥，通常按丝锥的尺寸定制。可调式丁字形铰杠一般用于装夹 M6 以下的丝锥。

图 5-7　丁字形铰杠

### 5.1.3 攻螺纹的操作步骤与要点

**1. 攻螺纹的操作步骤**

手动攻螺纹的操作（图5-8）可按以下步骤进行：

1）攻螺纹前的准备。主要内容包括熟悉加工图样，选用合适的夹具、量具和刀具等。

角，如图5-9、图5-10所示，通孔螺纹的两端都要倒角。孔口倒角不仅使攻螺纹时丝锥容易切入，防止螺纹牙崩裂，同时使攻螺纹后的螺纹口端面平整，不会因攻螺纹而使端面凸起。

图5-8　攻螺纹手势

图5-9　锪钻倒角

2）根据需要钻出相应的螺纹底孔。

3）手动攻螺纹操作。起攻后以头锥、二锥和底锥的顺序加工至要求的螺纹尺寸。

4）检查螺纹质量。

5）卸下工件并清理工作台面。

**2. 手动攻螺纹的操作要点**

手动攻螺纹的操作主要有以下几个要点：

（1）孔口倒角。先将螺纹孔的孔口用90°的锪钻（或用大于底孔直径的钻头）倒

图5-10　孔口倒角

（2）工件装夹位置要正确。工件装夹在台虎钳上，保证攻螺纹平面水平。图 5-11 所示为工件装夹位置。

图 5-11　工件装夹位置

（3）攻螺纹手势要正确。攻螺纹时将头攻丝锥装夹在铰杠内，右手握住铰杠杠体并向下施压的同时顺时针转动铰杠，此时左手握住铰杠手柄配合转动。丝锥攻入孔内前的姿势如图 5-12 所示，开始攻螺纹时的姿势如图 5-13 所示。由于头攻丝锥有圆锥角，开始攻螺纹时有晃动现象，此时应注意观察丝锥是否与工件平面垂直。

图 5-12　攻入孔内前的姿势（一）

图 5-13　攻入孔内前的姿势（二）

（4）丝锥垂直情况检查，当攻出 1～2 圈螺纹后，需进行丝锥相对于工件平面的垂直度检查。检查方法可分为目测观察和直角尺检查。

1）目测观察。当丝锥切入 1～2 圈螺纹后，取下铰杠使丝锥保持在工件螺孔中，从丝锥两个互相垂直的方向观察其对工件端平面的垂直度，如图 5-14 所示。若丝锥有倾斜，如图 5-15 所示，丝锥攻入越深，越不容易修正。

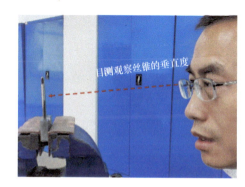

图 5-14　目测观察垂直度

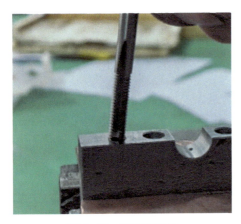

图 5-15　丝锥的倾斜

2）用刀口直角尺检查。

用直角尺检查丝锥的垂直度，是将直角尺的测量面置于丝锥容屑槽之间，并与丝锥锥柄圆柱表面接触，观察刀口直角尺测量面与丝锥锥柄间的缝隙大小。在多个方向上检查，并最终确定丝锥的垂直情况。用刀口直角尺检查丝锥垂直情况如图 5-16 所示。

图 5-16　用直角尺检查丝锥垂直度

3）丝锥倾斜的矫正方法。当攻入孔内的丝锥出现歪斜的情况时，需将丝锥退出，重新用铰杠装夹丝锥，将丝锥退回 1/2～1 圈，右手握住铰杠体，左手握住铰杠手柄朝翘起方向向下旋压并做小范围往复转动，对已攻出的螺纹进行修正，如图 5-17 所示。

图 5-17　攻螺纹校准方法

当确认倾斜的螺纹校准好后，再用双手握住铰杠攻螺纹的方法继续攻螺纹，如图 5-18 所示。

图 5-18　双手攻螺纹手势

4）攻螺纹过程中，当丝锥攻螺纹切出 2～3 圈螺纹后，改用双手握住铰杠转动攻螺纹。攻螺纹时，每转动铰杠 1/2～1 圈时，就应倒转约 1/2 圈，往复前进，这样可使丝锥更易排屑，并且可避免丝锥切削刃因粘屑而使丝锥轧住，或因丝锥转动切削阻力增大而使丝锥折断。

5）攻不通孔螺纹时，需经常将丝锥退出螺纹孔，排除孔中的切屑。当丝锥将要攻到孔底时，应更加严格地清除积屑，避免丝锥攻入时被卡住。当切屑不易从孔中排除时，可用接有压缩空气的弯管吹去切屑。

6）攻螺纹过程中更换丝锥时，需用手先将新换的丝锥旋入已攻出的螺纹中，直至不能再旋进，然后再用铰杠扳转。这样能避免开始时铰杠在转动时的晃动和压力（这时丝锥的旋入可能会把螺纹损坏）。在丝锥攻完螺纹退出时，也要避免快速转动铰杠旋出丝锥，最好用手将丝锥旋出，以保证已攻好的螺纹质量不受影响。

7）丝锥的修磨。当丝锥的切削部分磨损或崩齿时，可修磨其后面，如图 5-19 所示。修磨时要注意保持各刃瓣的半圆锥角及切削部分长度的准确性和一致性。当丝锥矫正部分有显著磨损时，可用棱角修圆的片状砂轮修磨其前面，如图 5-20 所示。

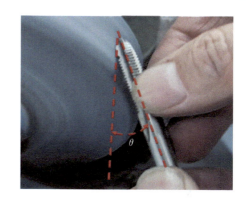

图 5-19　修磨丝锥后面

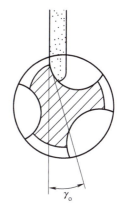

图 5-20　修磨丝锥前面

### 3. 机动攻螺纹

对大批大量零件攻螺纹可用机动攻螺纹的方法，如图 5-21 所示。工件和夹具固定在有正反转控制的钻床工作台上，攻螺纹夹头装夹在主轴锥孔中，并装夹丝锥。将工件调整好工作位置，并使丝锥顶住待攻孔，开始时按下手柄向下平稳施力，点动按钮使主轴慢速惯性转动，等切出2～3圈螺纹后即可不加力，由丝锥自行前进。机动攻螺纹时，当丝锥阻力增大并超过攻螺纹夹头的力矩时，攻螺纹夹头打滑，此时应立即倒转退屑。机动攻螺纹的主轴转速不宜太高，钢件的切削速度为6～10m/min，铸铁为8～10m/min。攻同样材料的丝锥，直径较小的应取较高值，直径较大的取较低值。

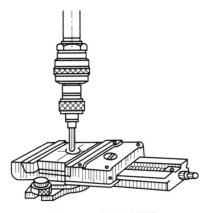

图5-21　机动攻螺纹

机动攻螺纹时的注意事项如下：

1）开始攻螺纹时应先向下施力，不能使丝锥在孔口空转，否则会造成孔口处烂牙（乱扣）。用手握住手柄感觉到手柄有自动向下前进力时，即松手让其自行攻螺纹，此时，若继续施加压力会造成烂牙现象。

2）机动攻螺纹的进给最好不要连续运转，应以点动的形式按倒转和顺转交替进

行。若遇到攻不进时，可退出切屑重新攻螺纹。

3）倒转时应注意丝锥的校准部分不能全部露出孔端，也不能在孔口长时间地倒转。否则，在进行攻螺纹时会产生坏牙现象。

4）攻螺纹夹头的传递力矩调整要适当，若力矩调整得过大，会使丝锥折断的概率增大；力矩调整得过小，攻螺纹时易产生打滑。

**4. 攻螺纹切削参数的选择方法**

（1）攻螺纹前底孔直径的确定。攻螺纹时，丝锥每个切削刃在切削金属的同时，伴随较强的挤压作用，如图5-22所示，金属产生塑性变形凸起并挤向牙尖，使攻出的螺纹小径小于底孔直径。因此，攻螺纹前的底孔直径应稍大于螺纹小径，否则攻螺纹时因挤压作用，使螺纹牙顶与丝锥牙底之间没有足够的容屑空间，阻碍丝锥的切削运动，严重时将导致丝锥折断。

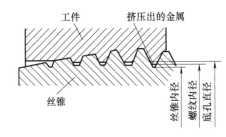

图5-22　攻螺纹时的挤压现象

底孔直径的大小应根据工件材料的塑性大小和钻孔的扩张量来考虑，以使攻螺纹时有足够的容屑空间，保证攻出具有完

整牙型的螺纹。

1）加工钢或塑性较大的材料及扩张量中等的条件下，底孔直径的计算公式为

$$D_钻 = D-P$$

式中，$D_钻$ 为攻螺纹时钻螺纹底孔用钻头直径（mm）；$D$ 为螺纹大径（mm）；$P$ 为螺距（mm）。

2）加工铸铁或塑性较小的材料及扩张量较小的条件下，底孔直径的计算公式为

$$D_钻 = D-（1.05 \sim 1.1）P$$

式中，$D_钻$ 为攻螺纹时钻螺纹底孔用钻头直径（mm）；$D$ 为螺纹大径（mm）；$P$ 为螺距（mm）。

（2）不通孔螺纹的钻孔深度的确定。攻不通孔螺纹时，由于丝锥切削部分有圆锥角，近端部不能切出完整的螺纹，所以应在工件有效尺寸范围内，根据螺纹需要的长度钻出比较合理的深度，如图 5-23 所示。

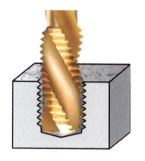

图 5-23　攻不通孔螺纹

钻削深度一般计算公式为

$$H_钻 = h_{有效}+0.7D$$

式中，$H_钻$ 为底孔深度（mm）；$h_{有效}$ 为螺纹有效深度（mm）；$D$ 为螺纹大径（mm）。

### 5.1.4　攻螺纹注意事项

**1. 攻螺纹的常见问题及防止方法（表 5-1）**

表 5-1　攻螺纹的常见问题及防止方法

| 问题 | 产生原因 | 防止方法 |
| --- | --- | --- |
| 烂牙（乱扣） | 1）螺纹底孔直径太小，丝锥攻不进，孔口烂牙<br>2）手动攻螺纹时，铰杠掌握不正，丝锥左右摇摆，造成孔口烂牙<br>3）机动攻螺纹时，丝锥校准部分全部攻出头，退出时造成烂牙<br>4）头锥攻螺纹位置不正，中锥、底锥强行纠正<br>5）二锥、底锥与初锥不重合而强行攻削<br>6）丝锥没有经常倒转，切屑堵塞把螺纹啃伤<br>7）攻不通孔螺纹时，丝锥到底后仍继续扳旋丝锥 | 1）检查底孔直径，把底孔扩大后再攻螺纹<br>2）两手握住铰杠用力要均匀，不得左右摇摆<br>3）机动攻螺纹时，丝锥校准部分不能全部攻出头<br>4）当头锥攻入 1 ～ 2 圈后，如有歪斜，应及时纠正<br>5）换用二锥、底锥时，应先用手将其旋入，再用铰杠攻制<br>6）丝锥每旋进 1 ～ 2 圈要倒转 0.5 圈，使切屑折断后排出<br>7）攻不通孔螺纹时，要在丝锥上做出深度标记 |

（续）

| 问题 | 产生原因 | 防止方法 |
|---|---|---|
| 烂牙（乱扣） | 8）用铰杠带着退出丝锥<br>9）丝锥刀齿上粘有积屑瘤<br>10）没有选用合适的切削液<br>11）丝锥切削部分全部切入后仍施加轴向压力 | 8）能用手直接旋动丝锥时，应停止使用铰杠<br>9）用磨石进行修磨<br>10）重新选用合适的切削液<br>11）丝锥切削部分全部切入后应停止施加压力 |
| 螺纹歪斜 | 1）手动攻螺纹时，丝锥位置不正<br>2）机动攻螺纹时，丝锥与螺纹底孔不同轴 | 1）目测或用直角尺等工具检查<br>2）钻底孔后不改变工件位置，直接攻螺纹 |
| 螺纹牙深不够 | 1）攻螺纹前底孔直径过大<br>2）丝锥磨损 | 1）正确计算底孔直径并正确钻孔<br>2）更换丝锥 |
| 螺纹表面粗糙度值过大 | 1）丝锥前、后面表面粗糙度值大<br>2）丝锥前、后角太小<br>3）丝锥磨钝<br>4）丝锥刀齿上粘有积屑瘤<br>5）没有选用合适的切削液<br>6）切屑拉伤螺纹表面 | 1）更换丝锥<br>2）更换丝锥<br>3）修磨丝锥<br>4）用磨石进行修磨<br>5）重新选用合适的切削液<br>6）经常倒转丝锥，折断切屑；采用左旋容屑槽 |

## 2. 丝锥损坏原因及防止方法（表 5-2）

表 5-2　丝锥损坏原因及防止方法

| 损坏形式 | 产生原因 | 防止方法 |
|---|---|---|
| 丝锥崩牙 | 1）工件材料硬度过高，或有夹杂物<br>2）切屑堵塞，使丝锥在孔中挤死<br>3）丝锥在孔出口处单边受力过大 | 1）攻螺纹前，检查底孔表面质量和清理砂眼、夹渣、铁豆等杂物；攻螺纹速度要慢<br>2）攻螺纹时丝锥要经常倒转，保证断屑和退出清理切屑<br>3）应先清理出口处，使其完整，攻到出口处前，机动攻螺纹要改为手动攻螺纹，速度要慢，用力较小 |
| 丝锥断在孔中 | 1）铰杠选择不当，手柄太长或用力不匀，用力过大<br>2）丝锥位置不正，单边受力过大或强行纠正<br>3）材料过硬，丝锥磨钝<br>4）切屑堵塞，断屑和排屑刃不良，使丝锥在孔中挤死<br>5）底孔直径太小<br>6）攻不通孔螺纹时，丝锥已攻到底了，仍用力攻削<br>7）工件材料过硬而又黏 | 1）正确选择铰杠，用力均匀而平稳，发现异常要检查原因，不能蛮干<br>2）一定让丝锥和孔端面垂直，不宜强行攻螺纹<br>3）更换丝锥，适应工件材料<br>4）经常倒转，保证断屑；频繁清理刀屑<br>5）正确选择底孔直径<br>6）应根据深度在丝锥上作标记，或机动攻螺纹时采用安全卡头<br>7）对材料做适当处理，以改善其切削性能；采用锋利的丝锥 |

# 5.2 套螺纹

用圆板牙在圆杆上切削出外螺纹的操作称为套螺纹。套螺纹也是生产中应用广泛的一种螺纹加工方法。

## ▶ 5.2.1 认识套螺纹常用工具

常用的套螺纹工具主要有板牙和板牙架。

### 1. 板牙

板牙是加工外螺纹的标准刀具之一，多在单件小批量生产中使用。其外形像螺母，主要不同的区别是在其端面上钻入几个排屑孔以形成切削刃。板牙的类型有圆板牙、管螺纹板牙、四方板牙、六方板牙、管形板牙及钳工板牙等几类。常用板牙如图 5-24 所示，其中圆板牙和管螺纹板牙应用最为广泛。

圆板牙是加工普通螺纹最常用的工具，它的螺纹部分由切削锥和校准部分组成。切削锥部分为靠近两端面处磨出的主偏角部分。校准部分为板牙中间一段具有完整齿形的部分，用于校准已切出螺纹部分。

### 2. 板牙架

板牙架也称为板牙铰杠，它是用来装夹板牙，并传递转矩带动板牙旋转进行套螺纹的工具，如图 5-25 所示。利用板牙架

a) 圆板牙  b) 管螺纹板牙

c) 四方板牙  d) 六方板牙

图 5-24  常用板牙

图 5-25  板牙架

套螺纹时，需要将板牙放入板牙架中，并用紧定螺钉将板牙紧固在板牙架上进行操作。板牙架的选择通常需要根据板牙的尺寸来确定。

## 5.2.2 螺杆直径的确定

与攻螺纹一样，套螺纹的切削过程也存在挤压作用，为了延长板牙的使用寿命，提高所加工螺纹的精度，套螺纹前圆杆的直径一般应比螺纹大径小一点，其计算公式如下

$$D=d-0.13P$$

式中，$D$ 为套螺纹前圆杆直径（mm）；$d$ 为螺纹公称直径（mm）；$P$ 为螺纹螺距（mm）。

为了使板牙起套时容易切入工件并做正确的引导，圆杆端部通常需要倒一个 $15°\sim20°$ 的角，如图 5-26 所示。

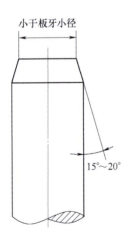

图 5-26 套螺纹前圆杆倒角要求

## 5.2.3 套螺纹的方法与技巧

（1）套螺纹过程中，板牙端面应始终与圆杆轴线保持垂直。

（2）开始套螺纹时，右手握住板牙架中部，沿圆杆轴向施加压力，并与左手配合按顺时针方向旋转，或两手握住板牙架手柄（两手应靠近中间握持），边加压力边旋转，如图 5-27 所示。

（3）当板牙旋入圆杆切出螺纹后，两手只用旋转力即可将螺杆套出。

（4）套螺纹过程中要加切削液，以降低螺纹表面粗糙度值和延长板牙使用寿命。一般采用加浓的乳化液或润滑油。

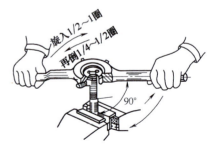

图 5-27 套螺纹操作要领

**5.2.4 套螺纹常见缺陷及防止措施**

套螺纹中常见的缺陷有圆板牙崩齿、破

裂、磨损过快和螺纹表面粗糙等。表 5-3 列出了套螺纹常见缺陷的产生原因及防止措施。

表 5-3 套螺纹常见缺陷的产生原因及防止措施

| 常见缺陷 | 产生原因及防止措施 |
|---|---|
| 圆板牙崩齿、破裂和磨损过快 | 1）圆杆直径偏大或端部未倒角<br>2）圆杆硬度太高或硬度不均匀<br>3）圆板牙已磨损仍继续使用<br>4）套螺纹时，圆板牙架未频繁逆转断屑<br>5）套螺纹过程中未使用切削液<br>6）套螺纹时，转动圆板牙架用力过猛 |
| 螺纹表面粗糙 | 1）圆板牙磨钝后还继续使用或刀齿有积屑瘤<br>2）切削液选择不合适<br>3）套螺纹时，圆板牙架转动不平稳，左右摆动<br>4）套螺纹时，圆板牙架转动太快，未频繁逆转断屑 |
| 螺纹歪斜 | 1）圆板牙端面与圆杆轴线不垂直<br>2）套螺纹时用力不均，圆板牙架左右摆动 |
| 螺纹中径小 | 1）圆板牙切入圆杆后仍施加压力<br>2）圆杆直径太小<br>3）圆板牙端面与圆杆不垂直，经多次校正造成螺纹中径缩小 |
| 螺纹损坏 | 1）圆杆直径太大<br>2）圆板牙磨钝后还继续使用或有积屑瘤<br>3）未选用合适的切削液，套螺纹速度过快<br>4）使用圆板牙强行校正已套歪的螺纹或未频繁逆转断屑 |

─ 操作视频 ─

攻螺纹

第**6**章

刮削、研磨、矫正与弯形

Gen Jineng Dashi
**Xueqiangong**

# 6.1　刮削

用刮刀刮除工件表面薄层，以提高表面几何精度和配合表面接触精度的操作称为刮削。刮削加工是机械制造和修理中最终精加工各种形面（如机床导轨面、连接面、轴瓦等）的一项重要加工方法。

刮削的原理是：在工件的被加工表面或校准工具、互配件的表面涂上一层显示剂，再利用标准工具或互配件对工件表面进行对研显点，从而将工件表面的凸起部位显现出来，然后用刮刀对凸起部位进行刮削加工并达到相关技术要求。

## ▶ 6.1.1　认识刮削工具

刮削操作通常需要刮削刀具、校准工具、显示剂相互配合才能完成。

### 1. 刮削刀具

刮刀是刮削工作中的主要工具。刮刀的材料一般采用碳素工具钢（T10、T10A、T12、T12A）或轴承钢（GCr15）锻制而成，刀头部分必须具有足够的硬度（通常经热处理淬硬至 60HRC 左右），刃口必须锋利。当刮削硬度较高的工件表面时，刀头可焊上硬质合金刀片。

根据刮削形面的不同，刮刀分为平面刮刀和曲面刮刀两大类。

（1）平面刮刀主要用来刮削平面，如平板、工作台等，也可用来刮削外曲面。

平面刮刀按形状不同可分为：①平头刮刀，其切削部分硬度较高，柄部硬度较低，而且富有弹性，如图 6-1a 所示；②活头刮刀。活头刮刀的刀头一般采用非碳素工具钢或轴承钢制作，刀身则采用中碳钢制作，如图 6-1b 所示；③弯头刮刀，其刀体是曲形，如图 6-1c 所示，曲形能增加刮刀弹性，刮出来的工件表面质量好；④搂刮刀，搂刮刀刀头一般采用碳素工具钢或轴承钢制作，刀身采用圆管构成，如图 6-1d 所示。

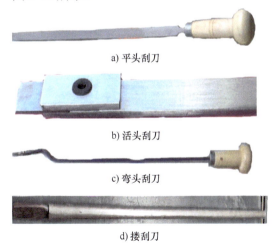

a) 平头刮刀

b) 活头刮刀

c) 弯头刮刀

d) 搂刮刀

**图 6-1　平面刮刀**

（2）曲面刮刀主要用来刮削内曲面，如滑动轴承的内孔等。常用的曲面刮刀有两种：①三角刮刀，可以用旧三角锉刀磨去三角锉齿后改制而成，断面为三角形，三条尖棱就是切削刃，如图6-2a所示；②蛇头刮刀，一般是用碳素工具钢锻制而成，刀的头部具有四个圆弧形的切削刃，使用时四个圆弧切削刃可以交替使用，如图6-2b所示。

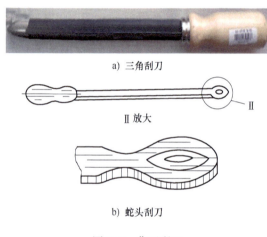

a) 三角刮刀

Ⅱ 放大

b) 蛇头刮刀

**图 6-2  曲面刮刀**

### 2. 显示剂

显示剂作为一种涂料，其作用主要是涂在工件表面或研具表面，通过对研后增大工件表面色差（如凸起部位颜色发黑和发亮），以便清晰地显示出工件表面的高低状况，然后有针对性地进行刮削加工。

显示剂的种类主要有红丹粉、蓝油、松节油和酒精，分别主要应用在以下场合：

（1）红丹粉。红丹粉又分为铁丹粉和铅丹粉两种，如图6-3a所示，是使用最多、最普遍的显示剂。铁丹粉即氧化铁，呈红褐色或紫红色；铅丹粉即氧化铝，呈橘黄色。铁丹粉和铅丹粉的粒度极细，使用时可用牛油或润滑油调合，通常用于钢件和铸铁件。普鲁士蓝粉呈蓝色，通常用于铜和巴氏合金等非铁金属。如图6-3b所示。

a) 红丹粉

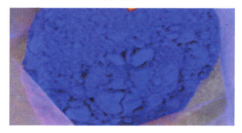

b) 普鲁士蓝粉

**图 6-3  显示剂**

（2）蓝油。蓝油由普鲁士蓝粉和蓖麻油以及适量润滑油调合而成，呈深蓝色，显示的研点小而亮。

（3）松节油。用松节油作显示剂，合研的时间一般要比用红丹粉长一些，研后的研点亮而白，一般用于精密表面的配研显点。

（4）酒精。用酒精作显示剂，配研的时间一般要比用红丹粉长1倍左右，配研后的研点黑而亮，一般用于极精密表面的配研显点。

### 3. 校准工具

校准工具是用来配研显点和检验刮削状况的标准工具，也称为研具。常用的有标准平板、桥形平尺和工形平尺三种，如图6-4所示。

a) 桥形平尺

b) 工形平尺

c) 标准平板

**图6-4　校准工具**

为保持刮刀刮削过程中切削刃的锋利，需要经常对刮刀进行刃磨。

### 1. 平面刮刀的刃磨

平面刮刀的刃磨分为粗磨和精磨两个阶段。

（1）粗磨（刮刀两平面）。在遵守砂轮安全操作规程的前提下，起动砂轮，待砂轮运行平稳后进行刃磨。应先磨两个平面，方法是左手食指和拇指做图6-5a所示的手势，将刮刀轻放到食指和拇指上，食指放在砂轮搁架上，距离刀口60～70mm，右手捏住刮刀的尾部，操作者站在砂轮中心左侧，刮刀贴着砂轮左侧面缓慢前后移动，如图6-5b所示。磨好一面后，翻转再磨另一面，当两个平面都平整、厚薄均匀后，再将侧面长度约40mm的毛坯面磨光、倒棱。

a) 左右手握姿

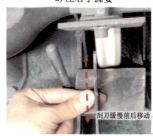

刮刀缓慢前后移动

b) 磨侧面手势

**图6-5　磨两平面**

（2）粗磨（顶端面）。左手食指与拇指捏住刮刀前端距离刀口30～50mm处，右手握住刀杆，双手握紧刮刀后再慢慢接近砂轮边缘。当刮刀接近砂轮时，以左手食指为支点，放置在搁架上，使刮刀与砂轮的水平中心线成 $\theta$ 角（5°～15°），右手稍微下沉，如图6-6b所示，以防刮刀弹出或卡进砂轮与搁架之间。在刮刀的端面与砂轮轮缘接触后，缓缓地放平刮刀，且使其与砂轮的水平中心线一致，接着双手同步左右平移刮刀，如图6-6a所示。

a) 左右移动

b) 磨顶端面手势

图6-6　磨顶端面

（3）平面刮刀的刃口形状及几何角度，平面刮刀根据刮削工艺的要求，主要分为粗刮刀、细刮刀和精刮刀三种。

1）粗刮刀的刃磨技巧。粗刮刀的磨削特点：粗刮刀的楔角 $\beta$ 为90°～92.5°，上、下刀面前角 $\gamma_o$ 均为2.5°，刃口为上、下两条直线刃，如图6-7所示。

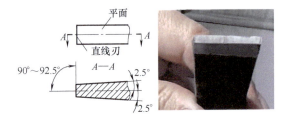

图6-7　粗刮刀

2）细刮刀的刃磨技巧。操作要点：左手握着平刮刀的前段距离刀口约30～50mm处，以此为支点放在砂轮搁架上，右手握住刮刀尾部向上抬起约5°，如图6-8b所示，刮刀与砂轮的连线高于砂轮中心，当刮刀顶端与砂轮接触时，右手如图6-8a所示左右摆动，使刮刀磨出圆弧，磨削时使火花连续均匀。

细刮刀的楔角 $\beta$ 为95°左右，上、下刀面前角 $\gamma_o$ 均为2.5°，刃口为上、下两条圆弧刃，切削刃圆弧半径 $R \approx 2B$（$B$ 为刀头宽度），如图6-9所示。

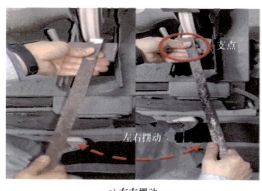

a) 左右摆动

b) 右手姿势

图 6-8　细刮刀的刃磨

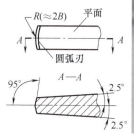

图 6-9　细刮刀

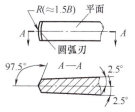

图 6-10　精刮刀

3）精刮刀的刃磨技巧。操作要点：与细刮刀的操作要领基本一致，就是右手抬起角度为 7.5°左右。

精刮刀的楔角 $\beta$ 为 97.5°左右，上、下刀面前角 $\gamma_o$ 均为 2.5°，刃口为上、下两条圆弧刃，切削刃圆弧半径要比细刮刀小些，切削刃圆弧半径 $R \approx 1.5B$，如图 6-10 所示。

4）平面刮刀的精磨。刮刀的精磨主要是在磨石和磨刀石上进行，操作时要在磨石上加适量润滑油。精磨时的磨石和天然磨刀石一般要各准备两块，其中一块专门用于刃磨平面，另外一块专门用于刃磨顶端面。

精磨主要是使刮刀的顶端面的楔角值达到要求，使切削刃更加锋利，同时使刀头部分的两平面及顶端面的表面粗糙度值 $Ra < 0.2\mu m$。其主要操作步骤如下：

a）精磨两平面。刃磨方法如图 6-11a 所示，左手在前抓握刀身，离顶端面约 100mm，右手在后握住刀柄，如图 6-11b 所示。将刮刀刀头部分平面置于磨石表面进行左、右推拉，每次推拉幅度为 3 ～ 4 个刀身宽度，并在推拉的同时，做由前向后的移动。由于刀面前角 $\gamma_o$ 为 2.5°，因此在刃磨时可稍微将刀身后部抬起一点。需注意的是，要在整个磨石表面进行刃磨，以保持磨石表面的平整状态。

b）精磨顶端面。精磨顶端面握持方法如下：

ⓐ 精磨粗刮刀顶端面。由于粗刮刀的楔角为 90°～ 92.5°，上下两条切削刃为直线形，因此在刃磨时要使刀身的平面中心线和侧面中心线与磨石表面基本保持垂直。需注意的是：左、右手要做同步推拉和移动，如图 6-12 所示，这样就可以磨出所需

要的直线形切削刃。

ⓑ 精磨细刮刀、精刮刀顶端面。左手握着刮刀尾部，右手拇指与食指、中指、无名指相对捏住刀身两平面，离顶端面 10 ～ 20mm。左手基本保持不动，右手在油石上做前后移动，使刮刀顶端面做圆弧摆动如图 6-13a、b 所示。同时要使刀身平面稍微倾斜于油石表面（倾斜角度 $\alpha=82.5°$～ 85°)，如图 6-13c 所示，以磨出所需要的楔角值 $\beta$。需注意的是，左手基本保持固定不动，这样就可以磨出所需要的切削刃的圆弧半径 $(R)$。一面磨好后，将刮刀身侧面调转 180°，按同样的方法磨另一顶端面。顶端面刃磨姿势与方法如图 6-13d、e 所示。

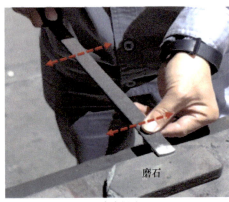

a) 左右摆动

b) 右手姿势

图 6-11　细刮刀的刃磨

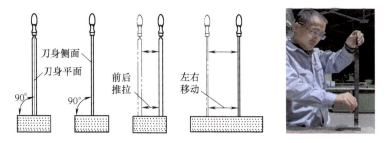

图 6-12　精磨粗刮刀顶端面方法

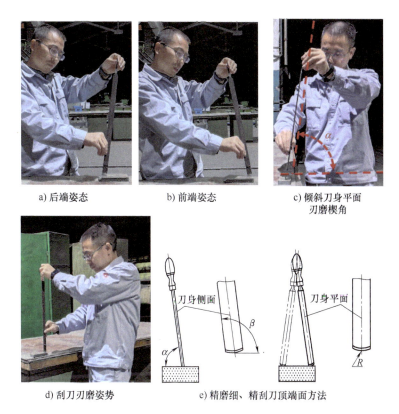

a) 后端姿态　　　　b) 前端姿态　　　　c) 倾斜刀身平面刃磨楔角

d) 刮刀刃磨姿势　　　e) 精磨细、精刮刀顶端面方法

图 6-13　精磨细、精刮刀顶端面方法

### 2. 曲面刮刀的刃磨

（1）曲面刮刀的粗磨。目前曲面刮刀基本上都是成形刮刀，粗磨曲面刮刀主要是修整磨损后的曲线内槽以及通过修磨弧面使刃口弧线连续且消除刃口崩豁现象。

三角刮刀的粗磨在砂轮机上进行，粗磨三角刮刀刀头弧面的方法如图 6-14 所示。

图 6-14　三角刮刀刀头弧面的粗磨

将刮刀以水平位置轻压在砂轮的外圆弧面上，按切削刃弧形来回摆动，使三个面的交线，形成弧形切削刃。在砂轮机上修磨三角刮刀曲线内弧槽的方法，如图 6-15 所示。修磨内弧槽时将刮刀内弧槽的中心放置于砂轮边缘上，上下移动控制槽的长度，同时左右移动控制槽宽，刀槽要开在两刃的中间。

（2）曲面刮刀的精磨。如图 6-16 所示，曲面刮刀的精磨同样在油石上完成。精磨时，顺着油石长度方向来回移动刮刀，同时依切削刃的弧形做上下摆动，直至三个面所交成的三条切削刃上的砂轮磨痕消除，弧面光滑，刃口锋利为止。如欲获得

更为光滑的弧形曲面和更为锋利的刃口，也可在研磨平板上放上研磨剂来研磨切削刃。

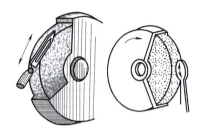

图 6-15　修磨三角刮刀曲线内弧槽的方法

图 6-16　曲面刮刀的精磨

### ▶ 6.1.3　刮削的操作方法与技巧

（1）平面刮削基本动作过程。平面刮削基本动作主要包括落刀、压刀、推刀及提刀四个过程。完成一个刮削动作的时间很短，因此要求动作连续、一气呵成。其中刮削的关键要领是：落刀轻（无振痕，

落刀角度为 15°～25°)、压推稳 (刮刀无左右倾斜,且压力由小到大变化)、提刀快 (无扎刀痕迹)。图 6-17 所示为平面刮削时的动作过程。

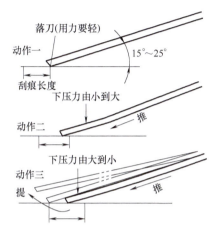

图 6-17　平面刮削时的动作过程

(2) 手刮法与挺刮法

1) 手刮法。手刮操作是两手握持刮刀,利用手臂力量进行刮削的一种方法。手刮法的切削量小,手臂易疲劳,适合在小面积、小余量工件和不便挺刮的地方使用。

图 6-18 所示为手刮法刮削平面操作动作,基本动作要领是使刮刀和刮削平面成 25°～30° 夹角,切削刃抵住刮削平面,左脚前跨一步,上身随着往前倾斜一些,这样可以增加左手压力,也便于看清刮刀前面的研点情况。刮削时通常是右手握刀柄,

左手握持刀身,掌心部分按在刮刀前端且距切削刃约为 50mm 处。刮削时切削刃对准刮削处后,左手按压刮刀,刀头部分产生少量弯曲变形,两手同时前推刮刀至一个刀迹长度后迅速将刮刀提起,整个过程中,压、推、提三个环节要一气呵成。手刮法力量较小,刮削余量很小,故一般只适用于小型件的表面刮削修整。

图 6-18　手刮法操作动作

2) 挺刮法。挺刮操作是两手握持刮刀,利用大腿和腰腹力量进行刮削的一种方法。挺刮法可以进行大力量刮削,适用于大面积、大余量工件的刮削,但劳动强度大。

图 6-19 所示为挺刮动作要领。将刮刀圆柄放在小腹右下侧肌肉处,两手握住刀身。左手在前,右手在后,左手握于距切削

刃约80mm处（此距离可根据操作者身高调整）。

左手靠拢右手，手头盖在右手上，小鱼际肌压在刮刀面上

刮刀柄抵在右大腿根部（小腹右下侧）

推

≈80

右手握住压刀身前端，大拇指放在刀身上面

提

两腿前后站立，也可左右叉开站立

**图 6-19  挺刮动作要领**

刮削时，双手下压刮刀（右手压力小些），利用腿部和臀部的力量，使刮刀对准研点向前推挤。在推动后的瞬间，右手引导刮刀方向，左手立即将刮刀提起，这样刮刀便在刮削面上刮去了一片金属，完成了一次挺刮动作。此种方法主要依靠左手控制刮削压力，因此粗刮、细刮及精刮时都可通过控制左手压力来调整切削量。

对挺刮法操作要领做如下总结：
双脚要站稳，弯腰身前倾；
双手握刀前，小腹（右下）抵刀柄；

右手控制刀，落刀平又轻；
左手向下压，腰腿向前挺；
右手迅速提，瞬间即完成。

3）搂刮法。如图 6-20 所示。将刮削零件置于在合适的高度，双腿正常站立。将刮刀上部靠在右肩上，左手在下，右手在上，左手握于距切削刃约80mm处（此距离可根据操作者身高调整），如图 6-20a 所示。刮削时，两手握持刀身，由前至后拉动刮刀，然后将刮刀略微抬起，再由前至后拉动刮刀，这样反复刮削，如图 6-20b 所示。刮削平面时采用"米"字形的轨迹进行刮削，即先按一个方向将平面刮削一遍，然后再按之前刮削轨迹的90°方向进行刮削，最后再按45°及135°方向进行刮削。刮削效果如图 6-20c 所示。

（3）平面刮削步骤。平面刮削可按粗刮、细刮、精刮和刮花四个步骤进行。

1）粗刮是用粗刮刀在刮削面上均匀地铲去一层较厚的金属，一般是采用连续推铲的方法，刀迹要连成长片。粗刮能很快地去除刀痕、锈斑或过多的余量。当粗刮到每 25mm×25mm 的方框内有 2～3 个显点时，即可转入细刮。粗刮时的显点情况如图 6-21a 所示。

2）细刮是用细刮刀在刮削面上刮去稀疏的大块显点，提高平整度。细刮时采用短刮法，刀痕宽而短，刀迹长度均为切削刃宽度，而且随着显点的增多，刀迹逐步缩短，每刮一遍时，须按同一方向刮削（一般要与平面的边成一定角度），刮第二遍时要交叉刮削，以消除原方向刀迹。当每 25mm×25mm 的刮削面上达到 12～15 个显点时，细刮结束。细刮时的显点情况如图 6-21b 所示。

3）精刮是用精刮刀更仔细地刮削显点，以改善表面质量，使刮削面符合精度要求。精刮时采用点刮法（刀迹长度约为 5mm），刮面越窄小，精度要求越高，刀迹越短。精刮时更要注意压力要轻，提刀要快，在每个显点上只刮一刀，不要重复刮削。当每 25mm×25mm 刮削面的显点增加到 20 点以上时，精刮结束。精刮时的显点情况如图 6-21c 所示。

4）刮花是在刮削面或机器外观表面上用刮刀刮出装饰性花纹，如图 6-22 所示。刮花的目的有：①为了使刮削表面美观；②给滑动表面之间造成良好的润滑条件。一般根据花纹的消失情况来判断滑动表面的磨损程度。

a) 双手姿势

b) 站立姿势

c) 刮削效果

图 6-20 搂刮法操作动作

a) 粗刮时的显点

b) 细刮时的显点

c) 精刮时的显点

图 6-21 刮削显点

a) 斜纹花

b) 月牙花

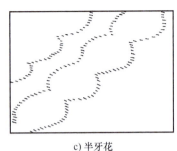
c) 半牙花

图 6-22 几种刮花花纹

刮花操作必须在熟练掌握了刮削操作的技巧后，方能进行。

（4）刮削精度检验。刮削精度包括尺寸精度、形状和位置精度及贴合程度、表面粗糙度等。对刮削质量最常用的检查方法是将被刮削的面与校准工具对研后，用边长为 25mm 的正方形框罩在被检查的面上，根据方框内的显点数来决定，如图 6-23 所示。

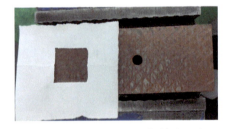

图 6-23 25mm 正方形框检查研点

各种平面接触精度的显点数见表 6-1。

表 6-1 各种平面接触精度的显点数

| 平面种类 | 每边长为 25mm 正方形面积内的接触点数 | 应用举例 |
|---|---|---|
| 一般平面 | 2～5 | 较粗糙机件的结合面 |
| | >5～8 | 一般结合面 |
| | >8～12 | 机器台面、一般基准面、机床导轨面、密封结合面 |
| | >12～16 | 精密机床导向面、工具基准面、量具接触面 |
| 精密平面 | 16～20 | 精密机床导轨、平尺 |
| | >20～25 | 1 级平板、精密量具 |
| 超精密平面 | >25 | 0 级平板、高精度机床导轨、精密量具 |

（5）原始平板的刮削操作。原始平板的刮削不用标准平板，采用的是以三块毛坯平板依次循环互研、互刮，来达到平板平面度要求的一种传统刮研方法。其具体的刮削步骤如下：

1）将三块平板分别除砂，去飞边、毛刺，四周锉倒角，非加工面刷防锈漆，按 A、B、C 编号。

2）粗刮三块平板各一遍，去除机械加工刀痕、锈迹和氧化皮。

3）按原始平板刮削步骤（图 6-24 所示次序）循环轮流粗刮。

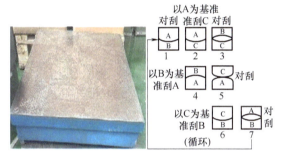

**图 6-24 原始平板刮削步骤**

先从循环序号 1 的 A、B 两块平板对刮开始，对研、对刮 A、B 两板（此时 C 板不研也不刮）数遍，达到两板都均匀地出现 2～3 个显点后，A、B 两板的粗刮暂告一段落；然后再按循环序号 2 继续刮研，即以 A 为基准刮 C 板（此时 B 板不研也不刮，A、C 两板研点后，只刮 C 板），通过数遍地刮研，使 C 板上的显点达 2～3 个

点时结束；接下来将序号 3 的 B、C 两板对研、对刮（此时 A 板不研也不刮，只对 B、C 两板对研、对刮），经数遍对研、对刮后，使 B、C 两板都均匀地显示 2～3 个显点为止。

按以上的方法依次循环刮研序号 4、5、6、7，再从序号 7 循环到序号 1、2、3、…，直到 A、B、C 三块平板无论怎么刮研都只出现 2～3 个显点，粗刮才告完成。

4）按照粗刮循环的次序再分别对 A、B、C 三板进行细刮和精刮，直到三块平板的显点都达到要求为止。

5）刮花需在技术条件有要求时进行，无要求时不要乱刮花，以免影响其接触精度。

（6）曲面刮削的操作方法。刮削曲面时，曲面刮刀刀身的基本握法与平面刮刀采用手刮操作的刀身握法基本相同，即握柄法和绕臂法两种。

曲面刮削操作主要分内曲面刮削及外曲面刮削两种，其基本操作手法主要有以下几个方面：

1）内曲面刮削。内曲面主要是指内圆柱面、内圆锥面和内球面。用曲面刮刀刮削内圆柱面和内圆锥面时，身体的中心线要与工件曲面轴线成 15°～45° 夹角（图 6-25a），刮刀沿着内曲面做倾斜的径向旋转刮削运动，一般是沿顺时针方向自前向后拉刮。三角刮刀是用正前角来进行刮

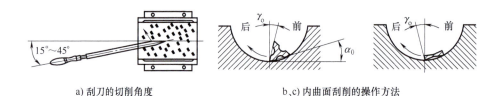

a) 刮刀的切削角度　　　　　b、c) 内曲面刮削的操作方法

图 6-25　内曲面刮削时和用力方向

削，在刮削时，其正前角和后角的角度是基本不变的，如图 6-25b 所示。蛇头刮刀是用负前角来进行刮削，与平面刮削相类似，如图 6-25c 所示。刮削时，前后的刮削刀迹要交叉，交叉刮削可避免刮削面产生波纹和条状研点。

三角刮刀可用正前角来进行刮削，刮削层比较深，因此在刮削时两切削刃要紧贴工件表面，刮削速度要慢，否则容易产生比较深的振痕。如果已产生了比较深的振痕，可采用钩头刮刀通过轴向拉刮来消除振痕。蛇头刮刀是用负前角来进行刮削，所以刮削层比较浅，其刮削面的表面粗糙度值也低一些。

2）外曲面刮削。外曲面刮削的操作要领是：两手握住平面刮刀的刀身，左手在前，掌心向下，四指横握刀身；右手在后，掌心向上，侧握刀身；刮刀柄部放在右手臂下侧或夹在腋下。双脚叉开与肩齐，身体稍前倾。刮削时，右手掌握方向，左

手下压提刀，完成刮削动作，如图 6-26 所示。

图 6-26　外曲面刮削动作要领图

（7）曲面刮削分为粗刮、细刮、精刮三阶段，刮削中是采用同一把刮刀进行，只是通过改变刮刀与工件的相互位置来进行粗刮、细刮与精刮。

1）粗刮如图 6-27a 所示，采用正前角刮削，两切削刃紧贴刮削面，刮削层比较深，故适宜于粗刮工序。通过粗刮工序，可提高刮削效率。

2）细刮如图 6-27b 所示，采用小负前角刮削，切削刃紧贴刮削面，刮削层比较浅，故适宜于细刮工序。通过细刮工序，可获得分布均匀的研点。

3）精刮如图 6-27c 所示，采用大负前角刮削，切削刃紧贴刮削面，刮削层很浅，故适宜于精刮工序。通过精刮工序，可获得较高的表面质量。

 **6.1.4　刮削常见缺陷及防止措施**

刮削操作常见的缺陷有刮削面精度不高、出现撕痕等。表 6-2 列出了刮削时常见的缺陷及防止措施。

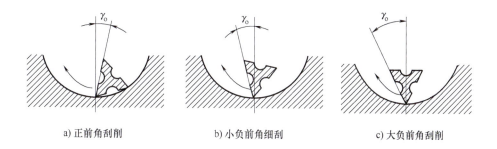

a) 正前角刮削　　　　　　　b) 小负前角细刮　　　　　　c) 大负前角刮削

图 6-27　曲面刮削的三个阶段

表 6-2　刮削常见的缺陷及防止措施

| 缺陷形式 | 特征 | 产生原因及预防措施 |
| --- | --- | --- |
| 深凹痕 | 刀迹过深，局部显点稀少 | 1）粗刮时用力不均匀，局部落刀过重<br>2）多次刀痕重叠<br>3）切削刃圆弧过小 |
| 梗痕 | 刀迹单面产生刻痕 | 刮削时用力不均匀，使切削刃单面切削 |
| 撕痕 | 刮削面上呈现粗糙刮痕 | 1）切削刃不光洁、不锋利<br>2）切削刃有缺口或裂纹 |
| 落刀痕或起刀痕 | 在刀迹的起始或终了处产生了深的刀痕 | 1）落刀时，左手压力过大和刮削速度较快<br>2）起刀不及时 |

# 6.2 研磨

用研磨工具和研磨剂将工件表面研去极薄一层金属的精密加工称为研磨。

研磨是精密和超精密零件精加工的主要方法之一。研磨加工可获得极高的尺寸精度、几何精度和很低的表面粗糙度。其中，尺寸精度和几何精度可达到 0.001 ～ 0.005mm，表面粗糙度值 $Ra$ 一般为 0.1 ～ 1.6μm。工件经过研磨加工后，其耐磨性和耐蚀性都大大提高，同时，配合件经过研磨加工后可获得很高的接触精度。

## ▶ 6.2.1 认识研具与研磨剂

研磨操作通常需要研具、研磨剂相互配合才能完成。

### 1. 研具材质

研具的选用原则是其本身材质硬度一定低于磨料硬度，且一般软质耐磨材料性能较佳。其中，球墨铸铁、低碳钢、铜及铝多适用于压嵌式研具，巴氏合金适用于精密轴承的研磨，涤纶织物主要用于抛光，

而硬木质材料及皮革做的研具主要适用于有色金属的抛光。

### 2. 常用研具结构及形式

研具的结构形式通常要求与被研工件表面形状相吻合。如图 6-28a 所示，研磨平板主要适用于较大平面的研磨。带研磨凹槽的平板一般用于平面的粗研磨，光滑平板一般用于平面的精研磨。图 6-28b 所示条形研磨平板主要适用于狭长的条形工件及内槽研磨；图 6-28c 所示为常用研磨套，适用于外圆柱面的研磨；图 6-28d 所示研具主要适用于内圆柱面的研磨等，与研磨用平板类似，带曲线研磨凹槽的研磨棒一般用于内孔的粗研磨，光滑外圆柱面一般用于内孔的精研磨。

### 3. 磨料

磨粉一般用于粗研磨，粒度号数越大，磨料越细。微粉一般用于半精研磨和精研磨，号数越小，粒度越细，常用磨料型号见表 6-3。

a) 研磨用大平板　　b) 研磨狭长平面用研磨平板　　c) 研磨外圆柱面用研磨套　　d) 研磨内圆柱面用研磨棒

**图 6-28　研磨常用研具**

表6-3 常用磨料型号

| 研磨的粒度 | 用途 | 可达到的表面粗糙度 $Ra/\mu m$ |
|---|---|---|
| F100～F220（磨粉） | 一般零件的粗研磨 | 3.2～0.04 |
| F280 或 F320～F400（微粉） | 一般零件的粗研磨加工 | 0.2～0.1 |
| F500～F800（微粉） | 一般零件的精研磨，精密零件的半精研磨 | 0.1～0.05 |
| F1000 或 F1200 以下（微粉） | 精密零件的精研磨 | 0.05 或更细 |

**4. 润滑剂**

（1）润滑剂分为液态和固态两种。在研磨过程中，润滑剂起着4个方面的作用：①调合磨料，使磨料在研具上很好地贴合并分布均匀；②润滑作用；③冷却作用，可减少工件发热变形；④有些润滑剂能与磨料等发生化学反应，可以加速研磨过程。

润滑剂的类别及作用见表6-4。

表6-4 润滑剂的类别及作用

| 类别 | 名称 | 在研磨中的作用 |
|---|---|---|
| 液体 | 煤油 | 润滑性能好，能吸附研磨剂 |
| | 汽油 | 稀疏性能好，能使研磨剂均匀地吸附在研具上 |
| | 润滑油 | 润滑性能好，吸附性能好 |
| 固体 | 硬脂酸 | 能使工件表面与研具之间产生一层极薄的、比较硬的润滑油膜 |
| | 石蜡 | |
| | 脂肪酸 | |

（2）研磨剂的配制。研磨剂分为液态研磨剂和固态研磨剂两类。

### 6.2.2 研磨的操作步骤与要点

**1. 研磨的操作步骤**

研磨的操作可按以下步骤进行：

（1）研磨前准备。根据工件图样，分析其尺寸和几何公差以及研磨余量等基本情况，并确定研磨加工的方法。

（2）根据所确定的加工工艺要求，配备研具、研磨剂。

（3）按研磨要求及方法进行研磨。

（4）全面检查研磨的质量。

**2. 平面研磨的技巧及方法**

（1）清洁研具工作面与工件被研磨工作面。

（2）研磨平板上均匀地涂敷研磨剂。

（3）将工件上需研磨的表面贴合在研磨平板上。

（4）手工研磨平面运动轨迹。直线研磨运动轨迹可获得较高的几何精度，适用于有台阶的狭长平面，但难以获得低的表面粗糙度值，如图6-29a 所示。

8字形或仿8字形研磨运动轨迹用于研磨加工小平面工件，能使相互研磨加工的两表面保持均匀接触，有利于提高研磨质量，如图6-29b 所示。

对于圆片或圆柱形工件端面的研磨，一般采用螺旋形研磨运动轨迹，这样

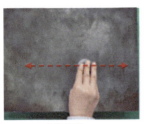

a) 直线研磨

b) 8字形或仿8字形研磨

c) 螺旋形研磨

图 6-29　研磨运动轨迹

能够获得较高的平面度和较低的表面粗糙度，如图 6-29c 所示。

（5）研磨过程中控制研磨速度和研磨压力。为了使研磨效果更好，所用的压力和速度可在一定范围内灵活变化。粗研磨或研磨较小的硬质工件时，可用大的压力、较慢的速度进行研磨，而在精研磨或对大工件研磨时，应用较小的压力、较快的速度进行研磨。

（6）研磨一段时间后，应调头研磨或偏转角度研磨，以防止磨偏。

### 3. 外圆柱面的研磨方法

外圆柱面一般是在车床或钻床上用研磨套对工件进行研磨操作，如图 6-30 所示。

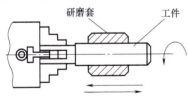

研磨套　　　　工件

图 6-30　研磨外圆柱面

研磨套的长度一般为孔径的 1～2 倍，研磨套的内径应比工件的外径大 0.005～

0.025mm。研磨前，先将研磨剂均匀地涂在工件的外圆柱表面，通常采用工件转动的方式，双手将研磨套套在工件上，然后做轴向往复运动，并稍做径向摆动。研磨时，工件（或研具）的转动速度与直径大小有关，直径大，转速慢，反之，则转速快，一般直径小于 80mm 时，转速取 100r/min，直径大于 100mm 时转速取 50r/min。轴向往复运动速度应该与转速相互配合，可根据工件在研磨时出现的网纹来控制，即当工件表面出现 45°～60° 的交叉网纹时，说明轴向往复运动速度适宜，如图 6-31 所示。

### 4. 内圆柱面的研磨方法

内圆柱面的研磨一般是在车床或钻床上进行，如图 6-32 所示。

研磨内圆柱面是将工件套在研磨棒上进行的。研磨棒的外径应比工件的内径小 0.01～0.025mm，研磨棒工作部分的长度一般是工件长度的 1.5～2 倍。研磨前，先将研磨剂均匀地涂在研磨棒表面，工件固定不动，用手转动研磨棒，同时做轴向往复运动。

a) 研磨速度正确

b) 研磨速度太快

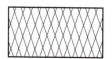

c) 研磨速度太慢

图 6-31　研磨外圆柱面速度适宜与否的判断

研磨时，当工件的两端有过多的研磨剂被挤出时，应及时擦去，否则会使孔口扩大形成喇叭口状。

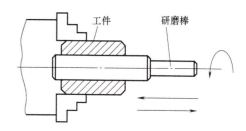

图 6-32　研磨内圆柱面

### 6.2.3　研磨常见缺陷及防止措施

研磨操作时，常出现的缺陷主要有表面粗糙度差、表面拉毛等，其产生的原因是多方面的。表 6-5 列出了研磨常见的缺陷及防止措施。

表 6-5　研磨常见的缺陷及防止措施

| 缺陷形式 | 产生原因及预防措施 |
| --- | --- |
| 表面粗糙度差 | 1）磨料过粗<br>2）研磨液选用不当<br>3）研磨剂涂得过薄 |
| 表面拉毛 | 研磨剂中混入杂质 |
| 凹凸不平 | 1）研磨时压力过大<br>2）研磨剂涂得过厚，没有及时擦去工件边缘挤出的研磨剂<br>3）运动轨迹没有错开<br>4）研磨平板选用不当 |
| 孔口扩大 | 1）研磨剂涂得过厚或不均匀<br>2）没有及时擦去工件孔口挤出的研磨剂<br>3）研磨棒伸出过长<br>4）研磨棒与工件内孔之间的间隙过大<br>5）工件内孔或研磨棒有锥度 |
| 圆孔成椭圆、圆杆有锥度 | 1）研磨时没有更换方向<br>2）工件本身有质量问题 |
| 薄形工件拱曲变形 | 1）工件发热仍然继续研磨<br>2）装夹不正确引起变形 |

# 6.3 矫正

矫正是指在外力作用下消除金属材料或工件由于外力影响而产生的弯曲、不平直和翘曲等塑性变形缺陷的加工方法。工件材料的变形主要是在轧制或剪切等外力作用下，内部组织发生变化产生的。原材料在运输和存放过程中处理不当时，也会引起变形。缺陷矫正的目的就是使金属材料或工件发生塑性变形，使其回复到原来的平整度。

矫正的方法主要有手工矫正、机械矫正与火焰矫正等几种类型。

## 6.3.1 手工矫正

### 1. 手工矫正的工具

手工矫正用的主要工具有锤子、大锤、型锤、平台、铁砧及台虎钳等。为检查矫正的质量，还需用到检验工具，主要包括平板、直角尺、钢直尺和百分表等，如图6-33所示。

### 2. 手工矫正的操作技法

手工矫正是使用手工工具（大锤或锤子）对变形部位进行锤击实现矫正的，主要用于消除材料或制件的变形、翘曲、凹凸不平等缺陷。该方法由于操作灵活，矫正效果好，成本低，故在生产中应用广泛。

手工矫正除了常采用的弯曲、扭转、锤击方法外，还常利用大锤或锤子等手工工具在平板、铁砧或台虎钳、平台等辅助工具上锤击工件的特定部位，通过对坯料进行"收""放"操作，从而使较紧部位的金属得到延伸，最终使各层纤维长度趋于一致（矫正操作中，习惯上对变形处的材料伸长、呈凹凸不平的松弛状态称为"松"；未变形处材料纤维长度未变化，处于平直状态的部位

a) 百分表    b) 直角尺    c) 平板    d) 木锤    e) 铜锤

**图 6-33　手工矫正常用工具**

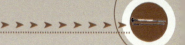

称为"紧",矫正时,将紧处展松或松处收紧,取得松紧一致即可达到矫正的目的,锤击紧处就起到放的作用)来实现矫正。这种用锤子等施力工具锤击材料的适当部位,使其局部产生伸长和展开的塑性变形来达到矫正目的的方法,称为延展法。

### ▶ 6.3.2 常用的矫正方法

几种典型的弯曲,如图 6-34 所示。

a) 扭曲

b) 折弯

c) 波浪形弯曲

d) 边角翘曲

e) 中间凸起

**图 6-34　几种典型的弯曲**

#### 1. 手工矫正的方法

手工矫正是钳工用手工工具在平台或台虎钳上进行的矫正。根据材料的结构形状和变形状态的不同,通常采用延展法、扭转法、弯曲法或伸张法等进行矫正。手工矫正适用于小型工件的变形矫正。

(1)扭转法:扭转法用于矫正条料的扭曲变形,如图 6-35a、b 所示。将条料装夹在台虎钳上,如图 6-35c 所示,用活动扳手进行矫正。调整活扳手使其开口夹住板料,左手扶着扳手的下部,右手握住扳手的末端,向扭曲相反的方向施加扭力,把条料向变形的相反方向扭转到原来的形状,扭转过程通过目测检查,然后结合平板平尺进行检测。

(2)弯曲法:弯曲法用于矫正各种弯曲的棒料和在厚度方向上弯曲的条料。直径小的棒料和薄料可用台虎钳装夹靠近弯曲的地方,再用扳手矫正,如图 6-36a 所示。直径大的棒料和较厚的条料则要用压力机矫正,如图 6-36b 所示。矫正前先把棒料或条料架在两块 V 形架上,V 形架的支点和间距按需要放置。转动螺旋压力机的螺杆使螺杆的端部准确压在棒料或条料变形的最高点上。为了消除弹性变形所引起的回翘现象,可适当压过一点,然后解除压力,再用百分表检查矫正的情况。如果未矫正好,则要一边矫正,一边检查,直至符合需要为止。

| a) 扭曲条料 | b) 弯曲条料(一) | c) 扭转法(一) |
|---|---|---|

d) 弯曲条料(二)　　　　e) 扭转法(二)　　　　f) 扭转矫正

图 6-35　扭转法

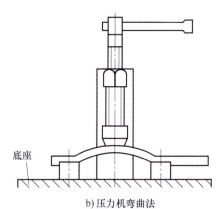

a) 手工弯曲法　　　　　　b)压力机弯曲法

图 6-36　弯曲法

（3）延展法：延展法就是用锤子敲击工件，使其延展伸长来达到矫正的目的，如图6-37所示。这种方法可用来矫正各种型材和板料的翘曲等变形。在宽度方向上弯曲的条料，如果利用弯曲法来矫正，就会使其折断；如果用锤子敲击材料弯曲的里侧，材料就会因延展而得到矫正。

a) 铁锤敲击

b) 木锤敲击

图 6-37　延展法

**2. 机械矫正的方法**

机械矫正是借助于机械设备对变形工件及变形钢材等进行的矫正。对于钳工来讲，其机械矫正接触的多是利用压力机对厚钢板、型材及各种焊接梁进行的矫正。

压矫法是利用压力机、冲压机等机械设备进行矫正工件的方法，如图6-38所示。压矫适用于对板料、条料、棒料的矫平、矫直。通常钳工应用压矫法较多。

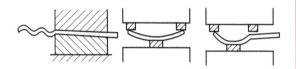

图 6-38　压矫法

### 6.3.3　几种典型变形的矫正

**1. 精度要求较高平面的矫正方法与技巧**

如图6-39所示，平板工件的平面度要求≤0.2mm，实际情况大于0.2mm，在0.3～0.5mm，要求进行矫正。利用手动压床（图6-40）与等高垫铁进行矫正。

图 6-39　平板工件

矫正步骤：

（1）先用百分表在平板上测出零件的实测平面度，并在最高点处用记号笔，记录实测值。

（2）准备等高垫铁及垫木、百分表（量程 0～10mm）及表架、平尺等。

（3）将工件垫在等高垫铁上，将之前记录的高点位置对正手动压床的压头部位，在压头与工件之间垫上垫木（防止工件压出伤痕），然后在靠近压点处，放置百分表，如图 6-41 所示。

（4）转动手动压床的手柄，当压头接触工件时，观察百分表变化，当百分表指针变动到记录的变化量时，然后再往下压变化量的 1/3，此举是考虑变形回弹量。比如 0.3mm，则往下压的量在百分表的变化量为 $=0.3\text{mm}+0.3\text{mm}\times\frac{1}{3}=0.4\text{mm}$，如图 6-41 所示。注意在压头与工件直接接触处垫上垫木，防止工件表面被压伤。

（5）矫正过程中，利用平尺测平面度，结合平尺观察工件与平尺之间的缝隙，也可以用平板与塞尺结合进行检查，如图 6-42 所示。待矫正完成后用平板和百分表结合检测工件的平面度 0.2mm。

### 2. 板料翘曲变形矫正方法和技巧

矫平板料是一种比较复杂的操作。板料的翘曲可能是由以下原因引起的：①因受外力使板料局部鼓凸不平；②因板

图 6-40　手动压床

图 6-41　手动压床矫正方法

图 6-42　矫正过程平面度目光检查

料本身的内应力引起的翘曲；③经氧乙炔切割后，部分翘曲。因此，板料矫正方法应该根据其翘曲的原因而定。否则，不管情况如何就直接锤击凸起部位，不但达不到矫平的效果，反而会增加板料的翘曲程度。

板料采用手工矫正由于钢板的刚性较大，故手工矫正比较困难。但对于一些用厚钢板制成的小型工件，也经常用手工方法对其进行矫正，具体的操作方法主要有以下几种：

（1）直接锤击。将弯曲的板料凸面朝上扣放在平台上，用木锤或铁锤直接锤击钢板的凸起部位，当锤击力足够大时，可使钢板的凸起处受压缩而产生塑性变形，从而使钢板获得矫平，如图 6-43 所示，矫正过程中可反复锤击凸起部位，并结合平板或平尺进行检查，直到达标为止。

图 6-43　直接锤击

（2）波浪形工件矫正如图 6-44 所示。

图 6-44　波浪形矫正

### 3. 波浪形矫正方法和技巧

（1）将波浪形的工件放置在台虎钳或平板上，如图 6-45a 所示，用木锤或铁锤锤击凸起部位，反复多次锤击，直至达到图 6-45d 所示，其中间部位平整。

（2）在台虎钳或平板上，将凸起的部位放置向上，然后用木锤进行锤击矫正，如图 6-45b、c 所示，先矫正一边，矫正好后，再调头矫正另一边。

（3）矫正过程中，将矫平的工件放在台虎钳或平板上边检查，边矫正，直至达到要求为止。

### 4. 角翘曲的板料矫正方法和技巧

角翘曲的板料，如图 6-46 所示。

a) 弯曲的条料

b) 木锤敲击弯曲条料1

c) 木锤敲击弯形条料2

d) 矫直

图 6-45　波浪形工件矫正

图 6-46　角翘曲的板料

矫正步骤：

（1）矫正角翘曲的板料时，首先将板料夹在台虎钳上利用活动扳手进行弯曲矫正，如图 6-47a 所示。

（2）用木锤或铁锤按图 6-47b 中箭头方向，反复锤击没有翘曲的对角线使之平齐。

**5. 轴或棒料的矫正方法和技巧**

轴或棒料在矫正时常使用螺旋压力机。矫正前先把轴或棒料架起并让其转动，用

记号笔或粉笔画出弯曲处，如图 6-48a 所示。将轴或棒料放在 V 形块上，螺旋压力机的压块压在轴或棒料弯曲处的凸起部位上，如图 6-48b 所示。在压头的附近放置百分表，以观察在矫正过程中轴或棒料的变化值，同时考虑轴或棒料的回弹量，边矫正边用百分表检查轴或棒料的矫正情况，直到符合要求为止。

### 6.3.4 矫正常见缺陷及防止措施

不论采用哪种矫正方法，工件被矫正表面都难免会出现麻点、伤痕甚至工件断裂等缺陷。表 6-6 列出了矫正常见缺陷的产生原因及防止措施。

a) 弯曲矫正

b) 木锤锤击

c) 铁锤锤击

图 6-47  角翘曲矫正

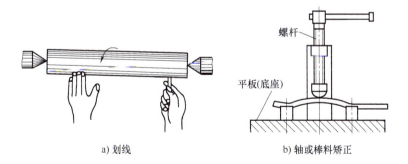

a) 划线          b) 轴或棒料矫正

图 6-48  轴或棒料的矫正方法

表 6-6　矫正常见缺陷的产生原因及预防措施

| 常见缺陷 | 产生原因 | 预防措施 |
|---|---|---|
| 矫正表面有麻点、伤痕 | 1）矫正时，锤子歪斜，锤面不光<br>2）矫正有色金属时用硬锤 | 1）矫正时，锤击要平<br>2）矫正有色金属时，应采用铜锤、木锤或橡胶锤 |
| 工件断裂 | 1）矫正次数太多<br>2）材料硬度过高，用力过大 | 1）找准变形位置，用力适当<br>2）硬度高的工件应先退火再矫正 |
| 出现死弯 | 1）弯曲矫正时，压力过猛、过大<br>2）用压力机矫正时，支承点选择不当 | 1）弯曲矫正时，压力要适当且用力要均匀<br>2）用压力机矫正时，选择支承点要正确，要多次检查 |
| 矫不平 | 1）板料变形位置选得不对<br>2）矫正方法不对 | 1）确定变形位置，矫正时用力应均匀<br>2）根据变形特点，选择用弯曲法及展延法 |

# 6.4　弯形

将原来平直的板料、条料、棒料或管料弯曲成所需要的形状的加工方法称为弯形。根据弯曲成形方式的不同，弯形主要分为手工弯形及机械弯形两种。对于钳工来讲，通常接触的仅限于手工弯形。

弯形常用工具及使用方法

## 6.4.1　板料工件 90° 弯形方法

若尺寸不大的板料需弯成 90° 或有几个 90° 的工件，可在台虎钳上进行，如图 6-49a 所示。将工件需要弯形的部位划一条直线，这条直线与钳口对齐，且工件两边与钳口垂直，然后将工件装夹在台虎钳上。用木锤敲击露出部分，敲击部位尽量贴近划线处，使其与钳口上平面贴平成直角。如果被装夹的板料弯曲线以上部分较长，可用左手压住材料上部以避免锤击时板料发生弹跳，然后用木锤在靠近弯曲部位的全长上轻轻敲打，使弯曲线以上的平面部分，不受到锤击和回跳作用，保持原来的平整。也可以用木锤直接敲打板料上端，如图 6-49b 所示，由于板料的回跳会使平面不平，而且角度也不易弯好，如果弯曲线以上部分较短时，如图 6-49c 所示，可用硬木块垫在弯曲处敲打成直角。

a) 台虎钳装夹弯形方法　　　b) 木锤弯形方法

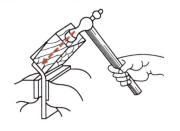

c) 弯曲线以上部分较短工件的弯形方法

**图 6-49　工件在台虎钳上的弯形方法**

### 6.4.2　小尺寸的管子弯形方法与技巧

弯管工具由底板、转盘、靠铁、钩子和手柄等组成，手动弯管工具如图 6-50 所示。

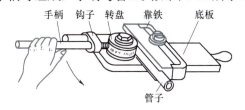

手柄　钩子　转盘　靠铁　　底板

管子

**图 6-50　手工弯管工具**

转盘圆周上和靠铁侧面上有圆弧槽，以防管子弯曲过程中变瘪。圆弧槽视所弯的管子直径而定，最大可弯曲半径 6mm 的管子。转盘和靠铁均可转动，并且靠铁还

可移动位置，可以适应不同直径的管子弯曲。使用时，固定转盘和靠铁位置，将管子插入转盘和靠铁的圆弧槽中，钩子钩住管子，按所需的弯曲程度，扳动手柄，使管子跟随手柄转动弯曲。

手动弯管器操作技巧如下：

（1）握住弯管器成形手柄或将弯管器固定在台虎钳上。

（2）松开挂钩，抬起托架手柄。

（3）将管道放置在成形盘槽中并用挂钩将其固定在成形盘中。

（4）放下托架手柄直至挂钩上的"0"刻度线对准成形盘上的 0°位置。

（5）绕着成形盘旋转托架手柄直至托架上的"0"刻度线对准成型盘上所需的度数。

小尺寸的管子（外径 6～12mm）可用手动弯管器（图 6-50）进行弯曲，专用的弯管器如图 6-51 所示。

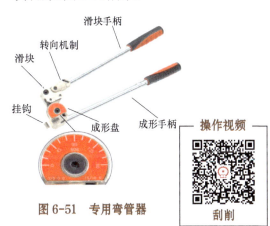

滑块手柄

转向机制

滑块

挂钩

成形盘

成形手柄

操作视频

刮削

**图 6-51　专用弯管器**

第 **7** 章

装配

# 7.1 装配概述

机械产品一般是由许多零件和部件组成的。零件是机器制造的最小单元，如一根轴、一颗螺钉等。部件是两个或两个以上零件结合成为机器的一部分，按技术要求，将若干零件结合成部件或若干个零件和部件结合成机器的过程称为装配。前者称为部件装配，后者称为总装配。部件是个通称，部件的划分是多层次的，直接进入产品总装的部件称为组件；直接进入组件装配的部件称为第一级分组件；直接进入第一级分组件装配的部件称为第二级分组件，其余类推，产品越复杂，分组件的级数越多。装配通常是产品生产过程中的最后一个阶段，其目的是根据产品设计要求和标准，使产品达到其使用说明书的规格和性能要求。大部分的装配工作都是由手工完成的，高质量的装配需要丰富的经验。

## 7.1.1 装配时必须考虑的因素

将机械零部件按设计要求进行装配时，必须考虑以下一些因素，以保证制订合理的装配工艺。

（1）尺寸。零部件有大件与小件之分，小件在装配时可以很方便地予以安装，而大件在装配时则需要使用专用的起吊设备。

（2）运动。在安装中，会遇到以下两种情况：一是所有零件或几乎所有零件都是静止的；二是有不少零件都是运动的。

（3）精度。有的安装需要高精度，而有些安装则对精度的要求不是很严格。

（4）可操作性。有些零部件需要安装在很难装配的地方，而有的零部件则很容易安装。

（5）零部件的数量。有些产品是由几个零件组成的，有些产品则是由大量的零件组成的。

## 7.1.2 装配精度

装配精度是装配工艺的质量指标。装配精度包括零件、部件间的距离精度、接触精度、相互配合精度、相互位置精度、相对运动精度等。保证装配精度是机械装配工作的根本任务。

（1）距离精度。距离精度是指保证一定的间隙、配合质量、尺寸要求等相关零件、部件的距离尺寸的准确程度。

（2）接触精度。接触精度是指配合表面接触达到规定接触面积的大小与显点分布情况。接触精度主要影响接触刚度和配合质量的稳定性。

（3）相互配合精度。相互配合精度包括配合表面间的配合质量和接触质量。配合质量是指零件配合表面之间达到规定的配合间隙或过盈的程度，它影响配合的性质。接触质量是指两配合或连接表面间达到规定的接触面积的大小和显点分布的情况，它影响接触精度，也影响配合质量。

（4）相互位置精度。相互位置精度包括平行度、垂直度、同轴度、跳动等，如主轴箱中各轴中心距尺寸精度及平行度等。

（5）相对运动精度。相对运动精度是指产品中有相对运动的零部件之间的运动方向或相对运动速度的精度。运动方向的精度常表现为部件间相对运动的平行度和垂直度，如机床溜板在导轨上的移动精度，即溜板移动轨迹对主轴中心线的平行度。相对运动速度的精度即传动精度，如滚齿机滚刀主轴与工作台的相对运动精度。

# 7.2　固定连接的装配

## ▶ 7.2.1　螺纹连接的装配

螺纹连接是一种可拆的固定连接，它具有结构简单、连接可靠、装拆方便等优点，在机械设备中应用广泛。螺纹连接分普通螺纹连接和特殊螺纹连接两大类，由螺栓、螺钉或双头螺柱构成的连接称为普通螺纹连接，如图 7-1 所示；除此以外的螺纹连接称为特殊螺纹连接。螺纹连接的装配应达到以下要求。

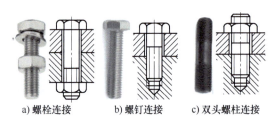

a) 螺栓连接　　　b) 螺钉连接　　　c) 双头螺柱连接

**图 7-1　普通螺纹连接**

### 1. 保证有一定的拧紧力矩

绝大多数的螺纹连接在装配时都要预紧，以保证螺纹副具有一定的摩擦阻力矩，目的在于增强连接的刚性、紧密性和防松能力等。所以在螺纹连接装配时应保证有一定的拧紧力矩，使螺纹副产生足够的预紧力。

拧紧力矩的大小，与螺纹连接件材料预紧应力的大小及螺纹直径有关，一般规定预紧应力不得大于其材料屈服强度 $\sigma_s$ 的 80%。对于规定预紧力的螺纹连接，常用控制转矩法、控制螺栓弹性伸长法和控制螺母扭角法来保证预紧力的准确性。对于预紧力无严格要求的螺纹连接，可使用普通扳手、气动扳手或电动扳手拧紧，凭操作者的经验来判断预紧力是否适当。

下面介绍三种控制预紧力的方法。

（1）控制转矩法可使用指针式扭力扳手，使预紧力达到给定值。指针式扭力扳手如图7-2a所示，表盘式带表扭力扳手如图7-2b所示。

a) 指针式扭力扳手

b) 表盘式带表扭力扳手

图7-2 测力扳手

（2）控制螺栓弹性伸长法。如图7-3所示，螺母拧紧前，螺栓的原始长度为$L_1$，根据预紧力拧紧后，螺栓的长度变为$L_2$，测定$L_1$和$L_2$的长度，即可计算出拧紧力矩的大小，此法精度虽高，但不便于生产中应用。

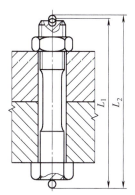

图7-3 螺栓伸长量的测量

（3）控制螺母扭角法。此法的原理和测量螺栓弹性伸长法相似，即在螺母拧紧到各被连接件消除间隙时，测得扭转角$\varphi_1$，然后再拧紧一个扭转角$\varphi_2$，通过测量$\varphi_1$和$\varphi_2$来确定预紧力。此法在有自动旋转设备时，可得到较高精度的预紧力。

**2. 可靠的防松装置**

螺纹连接一般都有自锁性，在受静载荷和工作温度变化不大时，不会自行松脱。但在冲击、振动或变载荷作用下，以及工作温度变化很大时，为了确保连接可靠，防止松动，必须采取可靠的防松措施。

螺纹连接应有可靠的防松装置，以防止摩擦力矩减小和螺母回转。常用螺纹防松装置主要有如图7-4所示的几类。

**3. 螺纹连接装拆工具**

由于螺纹连接中螺栓、螺钉、螺母等紧固件的种类较多，因而装拆工具也很多。装配时应根据具体情况合理选用。常用的装拆工具为扳手。

扳手用来拧紧六角形、正方形螺钉和各种螺母，它用工具钢、合金钢或可锻铸铁制成，其开口要求光洁和坚硬耐磨。扳手有通用的、专用的和特殊的三类。

（1）通用活扳手（活扳手）。它是由扳手体和固定钳口、活动钳口及蜗杆组成（图7-5）。其开口的尺寸能在一定范围内调节，使用活扳手时应让固定钳口受主要作用力（图7-6），否则容易损坏扳手。钳口的

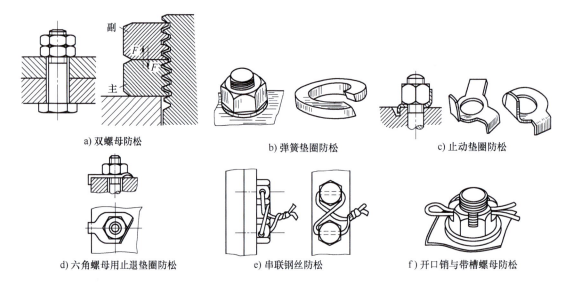

a) 双螺母防松

b) 弹簧垫圈防松

c) 止动垫圈防松

d) 六角螺母用止退垫圈防松

e) 串联钢丝防松

f) 开口销与带槽螺母防松

图 7-4　螺纹防松装置

尺寸应适合螺母的尺寸，否则会扳坏螺母。不同规格的螺母（或螺钉）应选用相应规格的活扳手，扳手手柄的长度不可任意接长，以免拧紧力矩太大而损坏扳手或螺钉。活扳手的工作效率不高，活动钳口容易歪斜，往往会损伤螺母或螺钉的头部表面。

（2）专用扳手。专用扳手只能扳动一种规格的螺母或螺钉。根据其用途的不同可分下列几种：

1）呆扳手（图 7-7），用于装拆六角形或四方头的螺母或螺钉，其有单头和双头之分。呆扳手的开口尺寸是与螺母或螺钉的对边间距的尺寸相适应的，并按标准尺寸做成一套，常用的有 10 件一套的双头呆扳手。

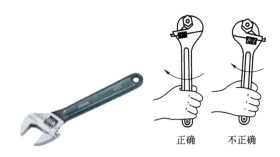

正确　　不正确

图 7-5　通用活扳手　图 7-6　活扳手的使用

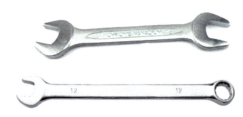

图 7-7　呆扳手

2）成套套筒扳手（图7-8），由一套尺寸不等的梅花套筒组成。使用时，弓形的手柄可连续转动，工作效率高。

图 7-8　成套套筒扳手

3）钩形扳手（图7-9），按圆螺母孔槽的位置可分侧面孔槽和端面孔槽两类，各有多种形式，用来装拆圆螺母。

图 7-9　钩形扳手

4）内六角扳手（图7-10），用于拧紧内六角圆柱头螺钉。这种扳手是成套的，可拧 M3 ～ M24 的内六角圆柱头螺钉。

图 7-10　成套内六角扳手

5）丁字形扳手（图7-11），在不便于使用上述各种扳手的场合，可使用丁字形扳手，其扳手的头部按六角形或四方形规格制造。

图 7-11　丁字形扳手

此外还有装配双头螺柱的专用扳手（图7-12）。

图 7-12　拧紧双头螺柱的专用工具

### 7.2.2 螺纹连接的装配工艺

螺栓、螺母和螺钉的装配要点如下：

1）与螺栓、螺钉或螺母贴合的表面要光洁、平整，贴合处的表面应当经过加工，否则容易使连接件松动或使螺钉弯曲。

2）螺栓、螺钉或螺母和接触的表面之间应保持清洁，螺纹孔内的脏物应当清理干净。

3）拧紧成组多点螺纹连接时，必须按一定的顺序进行，并做到分次逐步拧紧（一般分三次拧紧），否则会使零件或螺杆产生松紧不一致，甚至变形。在拧紧长方形布置的成组螺母时，应从中间开始，逐渐向两边对称地扩展（图7-13）；在拧紧长方形或圆形布置的成组螺母时，必须对称进行，如图7-14所示。

a) 圆形拧紧　　　　　b) 长方形拧紧

**图 7-14　拧紧长方形、圆形布置的成组螺母的顺序**

4）装配在同一位置的螺栓或螺钉，应保证长短一致，受压均匀。

5）主要部位的螺钉，必须按一定的拧紧力矩来拧紧（可应用扭力扳手紧固），如图7-15所示。因为拧紧力矩太大时，会出现螺栓或螺钉被拉长甚至断裂和机件变形现象。螺钉在工作中发生断裂，常常可能引起严重事故。

**图 7-15　定扭扳手装配**

6）连接件要有一定的夹紧力，紧密牢固，在工作中有振动或冲击时，为了防止螺钉和螺母松动，必须采用可靠的防松装置。

7）凡采用螺栓连接的场合，螺栓外径与光孔直径之间都有适当的空隙，装配时应先把被连接的上下零件相互位置调整好后，方可拧紧螺栓或螺母。

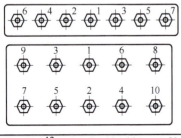
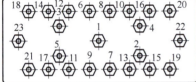

**图 7-13　拧紧长方形布置的多点成组螺母顺序**

# 7.3 键连接装配

键连接主要用于轴和轴上的回转零件之间的周向固定并传递转矩。例如，轴上装的齿轮、带轮、联轴器或其他零件都是通过键来传递转矩的。键连接具有结构简单、工作可靠、装拆方便等优点，因此在机器传动机构中应用很广。键连接有松键连接、紧键连接和花键连接等形式。

## ▶ 7.3.1 松键连接

松键连接所用的平键和半圆键均是标准件。普通型平键及半圆键多用于静连接（图 7-16）；而导向平键和滑键用于动连接（图 7-17）。

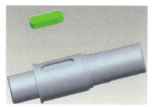

a) 普通型平键

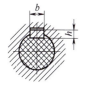
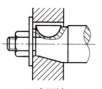

b) 半圆键

**图 7-16　普通型平键及半圆键**

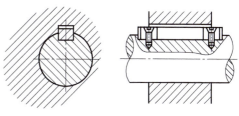

a) 导向平键

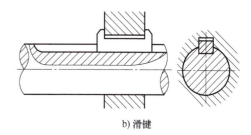

b) 滑键

**图 7-17　导向平键和滑键**

松键连接的装配要点如下：

1）清理键及键槽的飞边并检验键的精度。

2）装配前要修配键与键槽并进行检验。不论是普通型平键，还是半圆键，都应紧嵌在轴槽中；对圆头平键，还应锉削键的长度，并使键头与轴槽有 0.1mm 左右的间隙。

3）装配时先清洗键与键槽，并在配合面上加油，再用铜棒或带软垫的台虎钳将键压入到键槽中；对于导向平键，还须用螺钉固定在轴槽中。

### 7.3.2 紧键连接

紧键连接的常用形式有楔键连接和切向键连接两种，它们的工作面都是上、下两个，工作时依靠摩擦力和挤压力来传递转矩。

（1）楔键。楔键分为普通楔键和钩头楔键两种，如图7-18所示。键的上下两面是工作面，键的上表面和轮毂槽的底面各有1∶100的斜度，键侧与键槽有一定的微量间隙。装配时需打入，靠过盈作用传递转矩。紧键连接还能轴向固定零件和传递单方向轴向力，但易使轴上零件与轴的配合产生偏心和歪斜，多用于对中性要求不高，转速较低的场合。钩头楔键固定连接装配形式，楔键的楔角较小有很好的自锁条件，打入后有较好的自锁性，常用于不需要经常拆卸的场合。

（2）切向键。切向键的上、下两面均为工作面。

装配时要用涂色法检查切向键与键槽及键与键之间的接触情况，并用锉及刮刀修整键槽，且注意在锉（或刮）削修整时须保证一个工作面处于包含轴线的平面内；接下来可装上切向键，并使两楔键以其斜面互相贴合，以共同楔紧在轴毂之间，此外在键侧和键槽之间还应留有一定的间隙。

（3）紧键连接的装配要点。

1）键的斜度要与轮毂槽的斜度一致（装配时应用涂色检查斜面接触情况），否则套件会发生歪斜。

2）键的上下工作表面与轴槽、轮槽的底部应贴紧，而两侧面要留有一定间隙。

3）对于钩头楔键，不能使钩头紧贴套件的端面，必须留出一定的距离，以便拆卸。

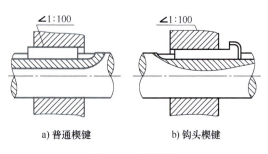

a) 普通楔键　　　　b) 钩头楔键

图7-18　楔键图

### ▶ 7.3.3 花键连接

花键连接按工作方式分，有静连接和动连接两种类型。花键按齿形分，有矩形、渐开线形及三角形三种类型。GB/T 1144—2001 规定了小径定心矩形花键的尺寸、公差等，小径定心的优点为定心精度高，定心稳定性好，能用磨削方法消除热处理变形，定心直径尺寸公差和位置公差都能获得较高的精度。

矩形花键连接如图 7-19 所示，其装配要点如下：

（1）静连接花键副，应保证配合后有少许的过盈量。装配时可用铜棒轻轻打入，但不得过紧，否则会拉伤配合表面。对于过盈量较大的配合，可将套件加热至 80 ～ 120℃再进行装配。

（2）动连接花键副，应保证精确的间隙配合。总装前应先进行试装，须能周向调换键齿的配合相位，各相位沿轴向移动时应无阻滞现象，滑动自如，但不可过松。允许选择最好的配合相位进行装配。

（3）装配后的花键副，应检查花键轴的轴线与被连接零件的同轴度和垂直度误差。

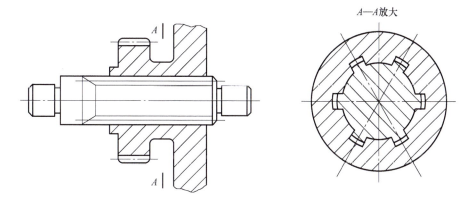

*A—A放大*

图 7-19 矩形花键连接

# 7.4 弹性挡圈装配

（1）弹性挡圈装配常用的工具是弹性挡圈钳，也叫卡簧钳。弹性挡圈钳是用来装配和拆卸弹性挡圈的专用工具，通常有孔用弹性挡圈钳和轴用弹性挡圈钳。

图 7-20a 所示的弹性挡圈钳是用来装配和拆卸孔用弹性挡圈的孔用弹性挡圈钳。当这种钳的两个把手相互移近时，钳口也相互移近，与普通斩口钳相似。

a) 孔用弹性挡圈钳　　b) 轴用弹性挡圈钳

c) 轴用挡圈的装配　　d) 孔用挡圈的装配

图 7-20　弹性挡圈装配

（2）弹性挡圈的装配方法

1）轴用挡圈的装配：用弹性挡圈钳装配轴用挡圈，将轴用挡圈钳的 2 个卡爪放入挡圈的耳孔中，用手握住卡钳的两个把手使卡爪受力，如图 7-20c 所示，将挡圈打开一定的尺寸，尺寸大于装配轴的尺寸即可，保持张开状态将挡圈套入轴上。拆卸轴用弹性挡圈的方法同样是将轴用挡圈打开一定的尺寸按与装配相反的方向将轴用挡圈取下。

2）孔用挡圈的装配：将孔用挡圈钳的两个卡爪放入挡圈的耳孔中，用手握住卡钳的两个把手使卡爪受力，如图 7-20d 所示，将挡圈压缩至一定的尺寸，尺寸小于装配孔的尺寸即可，保持压缩状态将挡圈放入孔内的环槽中。拆卸孔用弹性挡圈的方法同样是用孔用挡圈钳将挡圈压缩一定的尺寸，按与装配相反的方向将孔用挡圈取下。

为了适应不同结构的装配。两类弹性挡圈钳都各有直头和弯头两种类型。

（3）e 形卡簧开口挡圈的装配。e 形卡簧开口挡圈用于轴端，其装配方法是将挡圈直接放入轴端环槽内，然后用一字螺钉旋具或其他工具按图 7-21 所示受力方向施加外力将挡圈装入。

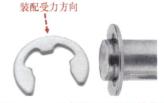

装配受力方向

图 7-21　e 形卡簧开口挡圈的装配

# 7.5 滚动轴承装配与拆卸

滚动轴承是一种精密部件，认真做好装配前的准备工作，对保证装配质量和提高装配效率是十分重要的。

## 7.5.1 轴承装配前的检查与防护措施

（1）按图样要求检查与滚动轴承相配的零件，如轴颈、箱体孔、端盖等表面的尺寸是否符合图样要求，是否有凹陷、毛刺、锈蚀和固体微粒等。并用汽油或煤油清洗，仔细擦净、然后涂上一层薄薄的油。

（2）检查密封件并更换损坏的密封件，对于橡胶密封圈则每次拆卸时都必须更换。

（3）在滚动轴承装配操作开始前，才能将新的滚动轴承从包装盒中取出，必须尽可能使它们不受灰尘污染。

（4）检查滚动轴承型号与图样是否一致，并清洗滚动轴承。如滚动轴承是用防锈油封存的，可用汽油或煤油擦洗滚动轴承内孔和外圈表面，并用软布擦净；对于用厚油和防锈油脂封存的大型轴承，则需在装配前采用加热清洗的方法清洗。

（5）装配环境中不得有金属微粒、铁屑、沙子等。最好在无尘室中装配滚动轴承，如果不可能的话，则用东西遮盖住所装配的设备，以保护滚动轴承免于周围灰尘的污染。

## 7.5.2 滚动轴承的装配方法

滚动轴承安装的部位一般多为轴旋转的部位，因此内圈与外圈可分别采用过盈配合与间隙配合。轴承的安装应根据轴承结构、尺寸大小和轴承部件的配合性质而定，压力应直接加在过盈配合的套圈端面上，不得通过滚动体传递压力。轴承的安装方法因轴承类型及配合条件而异。

滚动轴承的装配，工作时其内圈与轴一起转动，外圈在轴承座中固定不动，安装此类轴承，常用的方法有锤击法、压入法和温差法。

（1）锤击法。如图 7-22 所示，将轴承套在轴端，用锤子和金属棒对称而均匀地将轴承打入，直到内圈与轴肩靠紧为止。或采用套筒装配，将套筒作为传递力的工具。套筒的端面要平，将轴承装到轴上时，套筒应压在轴承的内圈上；若将轴承装在轴承套里，套筒端部压在轴承的外圈上。

采用这种方法，不论敲击时如何仔细，实际上轴承的受力既不对称也不均匀，所以，这种方法只能用在过盈很小或者没有过盈的情况下。

（2）压入法。当轴承的配合过盈量较大时，可选用压力机压入。采用压入法时，一般要用套筒作为传力工具（专用胎模），如图 7-23 所示。

a) 受力在轴承的内圈

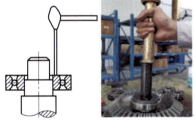

b) 用专用胎模施力在轴承的内圈

**图 7-22　锤击法安装滚动轴承**

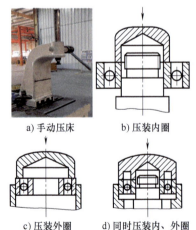

a) 手动压床　　　b) 压装内圈

c) 压装外圈　　　d) 同时压装内、外圈

**图 7-23　压入法安装轴承**

（3）温差法。当轴承的配合过盈量很大时，或在安装一些大型的轴承时，一般采用温差法，即通过加热轴承或轴承座，利用热膨胀将过盈紧配合转变为松配合的安装方法。温差法是一种常用和省力的安装方法，热装前把轴承或可分离型轴承的套圈放入油箱中均匀加热至 80 ～ 90℃，然后从油中取出尽快装到轴上，为防止冷却后内圈端面和轴肩贴合不紧，轴承冷却后可以再进行轴向紧固。轴承外圈与轴承座紧配合时，采用加热轴承座的热装方法，可以避免配合面受到擦伤。

用油箱加热轴承时，在距箱底一定距离处应有一网栅，或者用钩子吊着轴承，轴承不能直接放到箱底上，以防止杂质进入轴承内或不均匀地加热。油箱中必须有温度计，严格控制油温不得超过 90℃，以防止发生回火效应，使套圈的硬度降低。

### ▶ 7.5.3　滚动轴承的拆卸

常用的滚动轴承拆卸方法有锤击法、拉出法等。

（1）锤击法拆卸。将轴承放在有孔的平台上垫实垫块，用木锤锤击轴端拆卸轴承，如图 7-24a 所示。

（2）拉出法拆卸。用轴承顶拔器拆卸滚动轴承时，应按轴承尺寸调整好顶拔器拉杆的距离，并让卡爪牢固卡住轴承圈的端面，轻旋螺杆使着力点均匀，然后旋紧螺杆逐渐加力把轴承圈拉出，如图 7-24b、c 所示。

（3）拆卸轴承时的注意事项

1）拆卸作用力应直接加在拆卸体上，切勿加在滚动体或者其他零件上。

2）为便于拆卸，应事先在轴承座孔及轴上涂抹润滑油。

3）对已损坏的轴承进行拆卸时，一定注意不要损坏轴、机体与其他零件。

4）拆卸分离型轴承时，需先将轴承的内、外圈进行分离后，再去拆卸内、外圈。

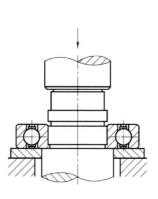
a) 锤击法拆卸

b) 拉出法——三爪拉马拆卸

c) 拉出法——二爪拉马拆卸

图 7-24 轴承拆卸方法

# 7.6 滚动直线导轨副的装配

## 7.6.1 导轨类型

按运动形式分有直线运动和回转运动导轨；按滚动体的形状分有滚珠、滚柱和滚针导轨；按滚动体是否循环分有滚动体不循环导轨和滚动体循环导轨。这里主要介绍最常用的滚动体循环的滚动直线导轨的装配技术。

滚动直线导轨滚动体有滚珠（图7-25a）和滚柱（图7-25b）两种。滚珠滚动直线导轨相对滚柱滚动直线导轨，具有摩擦小、速度高、工作条件相同时使用寿命长的优点，但其精度比滚柱滚动直线导轨低，承载能力不太大。

a) 滚珠导轨　　　　　b) 滚柱导轨

**图7-25　直线导轨滚动体分类**

**图7-26　直线导轨副**

滚动直线导轨（图7-26）的优点：使用寿命长；尺寸比较小；可以实现精确的直线运动（没有任何偏差）；滑块产生的摩擦非常小；滑块运行速度高；滑块可承受大的负荷（尤其是含圆柱滚子的滑块）；可通过导轨的连接来增加长度；可以在几个方向上运行（水平、垂直、倾斜等）。

滚动直线导轨的缺点：价格比较贵；耐蚀能力较差；对安装的精度要求很高；很难拆卸，因为用于密封导轨的螺钉上有防护条或防护塞；滑块的终点处没有终点挡块，需要另行设计终点挡块以防止滑块滑出导轨。

## 7.6.2 直线导轨安装方法

（1）直线导轨包含滑块与导轨，其安装步骤见表7-1。

（2）导轨的装配（图7-27）

1）基准侧导轨安装。首先用装配螺钉将直线导轨的底部基准面固定在床台的底部装配面上，然后将滑轨的侧面基准面紧紧压在床台的侧面装配面上，确定滑轨的位置，用扳手将导轨和导轨固定面按一定力矩固定在台面上，如图7-27a所示。

## 表7-1 滑块与导轨正确安装步骤

（续）

| 序号 | 图示 | 说明 |
|---|---|---|
| 1 | 磨石 | 安装前要清理床台安装面上的加工毛边与污物 |
| 2 | 基准面 | 将线性滑轨平放在床台上，使轨道的基准面贴向床台的侧向安装面。直线导轨两个侧面均可作为基准面 |
| 3 | 装配螺栓 | 将装配螺栓锁定，但不完全锁紧，并使导轨基准面尽量贴紧床台侧向安装面，安装前请注意螺栓孔与装配螺栓是否吻合 |
| 4 | 定位螺栓 | 依序将轨道定位螺栓锁紧，使轨道与床台侧向安装面紧密贴合 |
| 5 | 扭力扳手 | 使用扭力扳手，将装配螺栓依规定的扭力值锁紧。装配螺栓的锁紧顺序，由轨道中间向两端依序锁紧，如此可得稳定的精度 |
| 6 | 从动侧 基准侧 | 其余配对的轨道，依照步骤1至5的方法安装 |

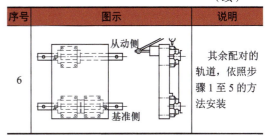

a) 基准侧导轨安装

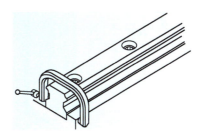

b) 从动侧导轨安装

直线量块

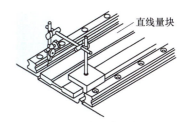

c) 移动工作台法

基准侧　从动侧

图7-27 导轨的装配方法

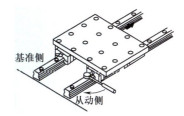

171

2）从动侧导轨安装。直线量块法：将直线量块置于两支轨道之间，使用千分表将其调整至与基准侧轨道向基准面平行，然后再以直线量块为基准，利用千分表调整从动侧轨道的直线度，并自轴端依序锁紧轨道装配螺栓。

3）移动工作台法：将基准侧面的两个滑块固定锁紧在工作台上，使从动侧的轨道与一个滑块分别锁定于床台与工作台上，但不完全锁紧。将千分表固定于工作台上，并使用测头接触从动滑块侧面，自轴端移动工作台，依滚动阻力的变化调整从动侧轨道的平行度，并同时依序锁紧装配螺栓。

4）专用工具安装法：使用专用工具，以基准侧轨道的侧向基准面为基准，自轴端依安装间隔调整从动侧轨道侧向基准面的平行度，并同时依序锁紧装配螺栓。

5）直线导轨装配实例：直线导轨在两个方向的装配，如图7-28所示。两个方向即 X 向、Y 向相互垂直布置安装。

**图7-28 机床 X 向 /Y 向的直线导轨装配关系**

### ▶ 7.6.3 直线导轨装配技巧和要点

（1）钳工在进行装配工作前，必须仔细阅读图样、装配工艺卡，必须读懂、消化、理解后方能进行装配，图样应得到正确的保管。

（2）清洗装导轨用的简易定位销，按图样、明细要求准备好所需的标准件备用；准备好相应的工具、量具。

（3）将清理好的滑架放在工作平台上、立柱本体侧放在胶皮上、底座找好水平，滑架、立柱本体放置要平稳，不得有晃动。

（4）用磨石清理本体的导轨安装面，用擦拭纸清理安装面（不得用抹布或棉纱擦拭）。

（5）将导轨包装进行拆解，必须轻拿轻放，用擦拭纸擦去导轨安装面的润滑油；将滑块润滑接头用纸胶带封好，以免杂物掉入接头内。按照图样要求将主副导轨放在规定的位置上，注意导轨的方向。

（6）将大理石平尺（使用软绳）吊装到相应的位置。

（7）按照精度检查要求将导轨固定在导轨安装面上进行精度找正，先主导轨，后副导轨，如图7-29所示。

1）紧固螺钉从中间向两边依次安装，拧紧。注意：导轨与安装面之间不得塞进0.02mm 塞尺。

2）简易定位销从中间依次向两边拧紧。注意：拧紧后，简易定位销的固定面不得有间隙。

图 7-29 直线导轨装配找正

螺钉拧紧后要用油漆笔做防松标识。

（8）精度找正后进行交检，最后将盖螺钉的堵盖装好。

（9）将装配好的导轨、滑块用润滑油进行防锈处理，妥当放置。

##  7.7 密封件的装配

### ▶ 7.7.1 O 形密封圈的装配

（1）O 形密封圈是截面形状为圆形的圆形密封元件，如图 7-30 所示。

图 7-30 O 形密封圈

大多数的 O 形密封圈由弹性橡胶制成，它具有良好的密封性，是一种压缩性密封圈，同时又具有密封能力，所以使用范围很宽。密封压力从 $1.33\times10^{-5}$Pa 的真空到 400MPa 的高压（动密封可达 35MPa）。如果材料选择适当，温度范围为 $-60\sim+200$℃。在多数情况下，O 形密封圈是安装在沟槽内的。其结构简单，成本低廉，使用方便，密封性不受运动方向的影响，因此得到了广泛的运用。

（2）O 形密封圈的装配和拆卸。在许多装配实践中，O 形密封圈的装配和拆卸成了难题。大多数情况是安装 O 形密封圈的位置难以接近或尺寸太小，因此没有好的工具，操作几乎就不可能进行。在装配中就需要用专用的装配工具进行装配。O形密封圈装配和拆卸工具，如图7-31所示，它可使O形密封圈的装配与拆卸较易进行。

图7-31　O形密封圈装配和拆卸工具

（3）油封的装配。油封是一种最常用的密封件，它适用于工作压力小于0.3MPa的条件下对润滑油和润滑脂的密封。有时，也可用于其他的液体、气体以及粉状和颗粒状的固体物质的密封。常用于各种机械的轴承处，特别是滚动轴承部位。其功用在于把油腔和外界隔离，对内封油，对外防尘。

油封与其他唇形密封不同之处在于具有回弹能力更大的唇部，密封接触面宽度很窄（约为0.5mm）其接触应力的分布图形呈尖角形。

油封的截面形状及箍紧弹簧，使唇口对轴具有较好的追随补偿性。因此，油封能以较小的唇口径向力获得较好的密封效果。同时，好的润滑油可在齿轮、轴承和轴上形成强度较高的油膜。然而，当将轴从机器中拆卸下来时，油封上的密封唇在轴上产生足够的压力可将油膜破坏，使润滑油仍保持在机器内部，但又不会引起太大的摩擦和磨损。

1）带钢圈的油封装配步骤：

① 先检查孔口有无磕碰伤及毛刺，如有则进行清理，然后清洗油封孔。

② 将油封放到待装配的孔上，然后将专用装配辅具，如图7-32c所示，放到油封的孔内，如图7-32d所示。

③ 将工件移动至手动压床下，使辅具与压床的压头同心，然后扳动手动压床的手柄进行装配，如图7-32e所示。装配过程中观察油封装配的顺畅性，若有卡阻现象，要及时观察油封有无损坏。

④ 装配后检测油封有无压装到位。

2）骨架油封装配步骤：

① 先检查孔口有无磕碰伤及毛刺，如有则进行清理，然后清洗油封孔。

② 将油封放到待装配的孔上，然后将专用装配辅具，如图7-33b所示，放到油封的孔内，如图7-33c所示。

③ 将零件移动至手动压床下，使辅具与压床的压头同心，然后扳动手动压床的手柄进行装配，或使用铜棒敲击装配，如图7-33d所示，装配过程中观察油封装配的顺畅性。若有卡阻现象，要及时观察油封有无损坏。

④ 装配后检测油封是否装配到位。

a) 油封

b) 油封放入孔内

c) 辅具

a) 油封

b) 放入辅具内

c) 装入孔内

d) 敲击装配到位

图 7-33　骨架油封装配过程

d) 辅具的应用

e) 压装到位

图 7-32　油封装配过程

### ▶ 7.7.2 油封安装时的正确装配方法

　　安装油封时，最为重要的是必须将油封均匀地压入孔内。采用的压入套筒要能使压力通过油封刚性较好的部分传递。为装配前在孔内及油封外圆均匀涂布润滑油。

　　安装油封时推荐使用的方法如图 7-34 所示。

　　在安装油封时，应避免采用如图 7-35 所示的方法，防止产生油封的变形。

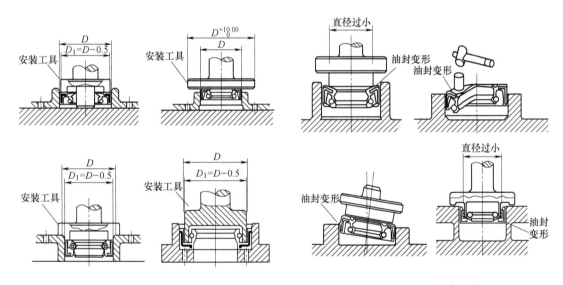

图 7-34　油封的正确安装方法　　　　图 7-35　不正确的安装方法

# 7.8 链条装配要点

链条和链轮的良好运行和使用寿命主要决定于装配过程中的下列几点：

（1）链轮的位置经过正确的校准。

（2）链条有正确的下垂量。

（3）链条与链轮啮合良好，如图 7-36b 所示。

（4）链条运行过程中，严禁和其他物体（如链条罩壳）相擦碰，已磨损的链条的不正确啮合，如图 7-36c 所示。

（5）润滑状态良好。润滑油应加在松边上，因这时链处于松弛状态，有利于润滑油渗入各摩擦面之间。

（6）链条张紧轮的正确安装，永远将其装配在链条的无负载部分。

a) 链条的装配

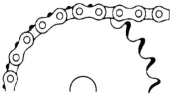

b) 链条的正确啮合

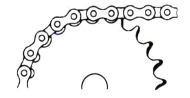

c) 已磨损的链条的不正确啮合

图 7-36 链条的装配

操作视频

装配

# 参 考 文 献

[1] 技工学校机械类通用教材编审委员会 . 钳工工艺学 [M].4 版 . 北京：机械工业出版社，2004.

[2] 李书伟 . 钳工全技师培训教程 [M]. 北京：化学工业出版社，2011.

[3] （日）技能士の友编集部 . 钳工能手 [M]. 戎圭明，张立丽，译 . 北京：机械工业出版社，2009.

[4] 钟翔山，钟礼耀 . 实用钳工操作技法 [M]. 北京：机械工业出版社，2014.

[5] 冯利 . 钳工技能一点通 [M]. 北京：机械工业出版社，2014.

[6] 王金荣，孟迪 . 钳工看图学操作 [M]. 北京：机械工业出版社，2012.

[7] 李斌，耿向前 . 钳工工艺与技能训练 [M]. 北京：机械工业出版社，2010.

[8] 徐兵 . 机械装配技术 [M]. 北京：中国轻工业出版社，2005.

[9] 王兵，何炬，宋小标 . 钳工从入门到精通 [M]. 北京：化学工业出版社，2020.

[10] 古新，刘胜新 . 五金工具手册 [M].2 版 . 北京：机械工业出版社，2015.